家居空间设计与施工细节系列

隔断设计与施工

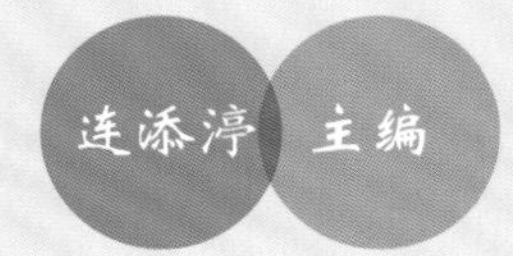
连添渟 主编

机械工业出版社
CHINA MACHINE PRESS

本书分为五个部分，书中不仅介绍了室内隔断设计技巧，还讲述了不同形式隔断的选择，以及不同环境的隔断如何实现，更包含了隔断施工过程中的常见问题，最后还解析了多个优秀的隔断设计案例，从细节处看设计的合理性、科学性、新颖性和整体搭配效果等。本书内容丰富、信息量较大、图文并茂，专业又实用，既可作为室内设计人员参考用书，又可供即将装修人群和业余爱好者赏析借鉴之用。

图书在版编目（CIP）数据

隔断设计与施工 / 连添渟主编 . —2 版 . —北京：机械工业出版社，2016.10

（家居空间设计与施工细节系列）

ISBN 978-7-111-55136-2

Ⅰ . ①隔… Ⅱ . ①连… Ⅲ . ①住宅—隔墙—室内装饰设计 Ⅳ . ① TU241

中国版本图书馆 CIP 数据核字（2016）第 246400 号

机械工业出版社（北京市百万庄大街 22 号 邮政编码 100037）
策划编辑：闫云霞 责任编辑：闫云霞
责任校对：陈 越 封面设计：鞠 杨
责任印制：常天培
北京华联印刷有限公司印刷
2016 年 11 月第 2 版第 1 次印刷
185mm × 240mm · 10.5 印张 · 186 千字
标准书号：ISBN 978-7-111-55136-2
定价：45.00 元

编写人员

主编：

连添渟

参编人员：

白雅君　苏志金

张付萌　马艳霞

谷　雪　张期全

袁心蕊　席守煜

范小波　杨亚珂

前言

对于追求家居生活完美的人们来说，好的创意空间永远有无限发挥的可能。提到隔断，一般人常常以为只有门、墙及柜体能用来区隔空间，其实很多素材，如色彩、家具、珠帘、屏风以及鱼缸等都可以拿来活用，这样的隔断既能打破固有格局、区分不同性质的空间，又能使居室环境富于变化、实现空间之间的相互交流，为居室提供更大的艺术与品位相融合的空间。

本书分为五个部分，书中不仅介绍了室内隔断设计技巧，还讲述了不同形式隔断的选择，以及不同环境的隔断如何实现，更包含了隔断施工过程中的常见问题，最后还解析了多个优秀的隔断设计案例，从细节处看设计的合理性、科学性、新颖性和整体搭配效果等。除此之外，书中还汇集了市面上流行的家装建材，从建材特性、市场价位到施工方法、日常维护等，全部深入浅出地进行讲解，将是您装修设计的得力助手。

目 录

前言

第一章 室内隔断设计技巧早知道 / 1

01 为什么要在室内设计隔断？ / 2
02 室内隔断有哪些种类？ / 6
03 如何根据需要规划隔断设计 / 15
04 小户型隔断的设计指南 / 23

第二章 不同形式的隔断如何选择 / 31

01 时尚屏风装饰性强 / 32
02 巧用珠帘隔断，轻松实现空间分隔 / 40
03 亲密又独立的玻璃隔断 / 45
04 陶粒轻间隔，防火隔声佳 / 50
05 发泡隔热板，隔声防水又保温 / 53
06 竹材隔断，需涂桐油防潮 / 56
07 挑选推拉门的必知关键点 / 62
08 布艺隔断装饰色彩混搭技巧 / 66

第三章 不同环境的隔断设计如何实现 / 71

01 客厅与餐厅的隔断方法 / 72
02 阳台和客厅要不要隔断？ / 76
03 室内隔断墙不是想拆就能拆 / 80
04 开放式与封闭式厨房的隔断选择 / 83
05 卫生间隔断干湿如何隔断 / 89
06 提升脸面的玄关隔断 / 96
07 几个隔断设计小窍门，让卧室更出彩 / 104

第四章　隔断施工过程中的常见问题 /

01　在现有格局中砌新墙 / 112
02　轻体墙隔断要考虑承重 / 114
03　隔断墙刮腻子施工要点 / 118
04　怎样贴好隔断墙瓷砖 / 121
05　瓷砖隔断墙的填缝问题 / 125

第五章　设计师为您图解隔断设计优秀案例 / 130

01　10 个客厅隔断设计，打造一室二用魅力 / 131
02　全屋通风好采光，8 个精致阳台隔断设计 / 136
03　巧扩功能区，12 个实用厨房隔断设计 / 140
04　几平米里的百变姿态，9 个卫浴间隔断设计 / 146
05　6 个优秀玄关隔断设计案例 / 152
06　创造混合使用乐趣，8 个卧室隔断设计 /156

第一章

室内隔断设计技巧早知道

01 为什么要在室内设计隔断？

一、分隔空间

隔断无论其样式有多大差别，都无一例外地对空间起到限制、分隔的作用。限定程度的强弱则可依照隔断界面的大小、材质、形态而定。宽阔高大、材质坚硬、以平面为主要分隔面的固定式隔断具有较强的分隔力度，给空间以明确的界限，此种隔断适用于层高较高的宽大空间的划分；尺寸不大、材质柔软或通透性好、有间隙、可移动的隔断对空间的限定度低，空间界面不十分清晰，但能在空间的划分上做到隔而不断、使空间保持了良好的流动性，使空间层次更加丰富，此种隔断适用于各种居室空间的划分及局部空间的限定。

二、遮挡视线

隔断按照其组合方式和材质透明度的差异具有不同程度的遮挡视线的作用。不同功能区域对可见度的要求各异，将大空间通过隔断划分成小空间时还要考虑采光的问题，对于采光要求较高的阅读区域可应用透光性好的低矮的隔断。

三、适当隔音

柔软的织物、海绵、泡沫墙材都具有一定的吸声功能，绿色植物可降低噪声，墙面挂画可适当增加声音的反射，因此由这些材料组成的隔断具有或多或少的隔声作用。

四、增强私密性

现代的居室中，卫浴、卧室等空间不再像以往那样，由固定的四面砖墙围合而成。个性化的设计中，透明玻璃的卫浴间屡见不鲜。因此，为了照顾生活的私密性，这些区域的周围或入口处就由帘幕等可移动的隔断承担起遮挡作用。

五、增强空间的弹性

利用可移动的隔断能有效地增强空间的弹性。将屏风、帘幕、家具等根据使用要求随时启闭或移动，空间也随之或分或合、变大变小，更加灵活多变。

六、一定的导向作用

隔断除了起到围合空间的作用，还因为它可以沿一个或几个方向延伸而具有一定的导向作用。

02 室内隔断有哪些种类？

从古至今，隔断越来越多元化，不同的隔断应用的场合都不一样，所起到的作用也大不相同。古代的隔断是以屏风的形式呈现，起装饰和阻挡煞气的作用，主要是将木材雕刻成各种款式。现代的隔断主要分为办公隔断和家居隔断，更多的是起分割空间的作用，制作材料也是千变万化。在寸土寸金的城市中心，运用好隔断，能使办公和家居空间看起来更加高端、大气。现代隔断的种类有很多，按不同的标准可分为不同的类型。按隔断的性质可以分为如下几类。

一、移动隔断

所谓活隔断，就是将室内空间在竖向加以分割，把单一机能的空间划分出具有多种不同机能的空间来。这种形式在室内设计中是最常用的，但分隔空间的具体形式又不尽相同。

1. 家具隔断

利用橱柜将一端靠窗侧墙布置，将室内空间自然地分割为卧室、学习室、电视室等多个机能的小空间，它们之间有分有合，由于空间是流动的，所以室内空间在感觉上并未感到缩小，相反地增加了对相邻空间的联想性气味。

2. 立板隔断

在室内设一竖板，板上可适当布置一些装饰壁画，将室内分别划分为会客、进餐等不同机能的空间。

3. 软隔断

选择质地讲究、色泽漂亮的布料织物，利用活动隔断形式，如幕帐垂地、悬挂帘布等，将室内分割成几个不同机能的空间。这是现代室内设计中用来分隔空间的惯用手段。室内软隔断可以任意开启，是弹性室内空间的理想形式，充满了现代气息。

4. 推拉式隔断

推拉式活动隔断可以灵活地按照使用要求把大空间划分为小空间或再打开。其柔性行走系统使任何人都可以轻松顺利地移动和操作。适用于各种用途的多功能厅、宴会厅、体育馆、展览厅及大型开敞式建筑空间，有助于建筑空间的有效利用。

5. 活动半隔墙

多功能活动半隔墙是一种最新的办公设施，可以将大空间灵活方便地隔成小的活动空间。产品结构简单，式样美观，组装灵活，防火隔声，适用于大型开放式办公室、贸易谈判室、展览厅、计算机房、医院、酒吧等。

二、固定隔断

不承重的内墙叫做隔墙（死隔断）。对隔墙的基本要求是自身质量小，以便减少对地板和楼板层的荷载，厚度薄，以少占建筑的使用面积；并根据具体环境要求隔声、耐水、耐火等。考虑到房间的分隔随着使用要求的变化而变更，因此隔墙应尽量便于拆装。

（一）龙骨隔墙

1. 木龙骨隔墙

木龙骨隔墙的优点是：质轻、壁薄、便于拆卸。缺点是：耐火、耐水和隔声性能差，耗用较多木材。

2. 石膏龙骨隔墙

石膏龙骨隔墙是用石膏作龙骨，两侧粘贴纸面石膏板、水泥刨花板等。

3. 金属龙骨隔墙

金属龙骨隔墙一般用薄壁轻型钢做骨架，两侧用自攻螺钉固定石膏板或其他人造板。

（二）砌筑隔墙

1. 砖隔墙

（1）粘土砖隔墙：这种隔墙是用普通粘土砖、粘土空心砖顺砌或侧砌而成。因墙体较薄，稳定性差，因此需要加固。

（2）玻璃砖隔墙：即用特厚玻璃砖或组合玻璃砖砌筑的透明砖墙。

2. 砌块隔墙

砌块隔墙也称为超轻混凝土隔断。它是用比普通粘土砖体积大、堆密度小的超轻混凝土砌块砌筑。

家装小贴士:

选择玻璃砖，留意灯光颜色

一般居家使用玻璃砖，多以小部分间隔、窗户或装饰为主，消费者选购时，可从玻璃砖外表作简单区分。首先，看玻璃砖色泽、纹路，即可简单分辨出产地：从德国、意大利进口的玻璃砖，因细砂成分佳，会带点淡绿色，而来自印度尼西亚、捷克、我国内地等地价格较低的无色玻璃砖，会有点偏家中玻璃窗户的颜色，感觉较苍白。另外，检视透光率时，除端详玻璃砖有无杂质、细不细致以外，也要注意灯光的颜色，玻璃砖在黄色灯光和白色灯光下会有不同的感觉，要特别注意。

种类	图示	特点	参考报价（每块）
磨砂玻璃砖		德国进口雾面玻璃砖，两面皆已磨砂，品质较佳。市场上有部分磨砂玻璃砖，是先进口无色砖，在中国台湾地区找工厂加工，部分只磨单面	15 ~ 35 元，进口价格更高
防弹玻璃砖		防弹玻璃砖，两面玻璃厚度皆至少 2 厘米，玻璃密度、强度也较佳	至少 60 元

03 如何根据需要规划隔断设计

家居布局的精巧不仅仅体现在室内的装饰搭配和物品的摆放上，有时候一面小小的隔断，不仅给了室内空间很好地划分，同时也能成为室内装修的一抹亮点，下面就来看一看如何灵活选择隔断材料，规划隔断设计吧。

一、隔断材料种类多，要灵活搭配

1. 现代装饰新宠——玻璃材料

玻璃隔断可以说是现在最受欢迎的隔断材料之一，由于玻璃优秀的透明质感，在分隔了室内空间的同时又不会割断视觉上的空间深度，带来一种“似有若无”的巧妙空间感受，同时，现在玻璃材料安全性的增加也让它受到更多人的青睐。

2. 典雅气质之选——金属材料

现在的金属隔断材料中以铝最受欢迎，铝材质量较轻，不会给建筑体带来太大的重量压力，且不易锈蚀褪色。金属隔断在现代风格的家装中颇受欢迎，其特别的质感也让家中多了几分沉静的雅致之感。

3. 天然隐蔽感受——石材

天然石材光亮晶莹，在阳光下散发的自然味道显得房间整体高贵典雅，同时石材隔断的整体性高，空间隔断彻底，能起到很好的保护隐私的作用。

几种隔断材料比一比			
	主要原料	优点	缺点
玻璃隔断	钢化玻璃	安全，半封闭式，不影响光源传播	质地较易受损，且一旦受损将无法轻易恢复
金属隔断	铝合金	防水防锈蚀，不易变形	造价较高，材料使用局限性较大
石材隔断	大理石	质感天然，方便打理	重量较大，且抗压性能较低

二、关注空间层次问题

隔断装修不仅需要注重材料，同时也需要关注隔断的空间层次问题，不同的隔断方式能够带给人不同的视觉感受，在居家生活的便利上也会带来一定的影响。

1. 创造独立空间——全封闭式

全封闭式隔断能在统一的空间内打造出一个崭新的独立空间，对家居的隐私性较好，同时，全封闭式隔断也能开辟出一处收纳地点，增加空间容量，但同时全封闭式隔断的透光性较差，影响室内光的传播。

2. 装饰好帮手——半封闭式

半封闭式隔断相比于全封闭式，有较好的透光性能，但不能增加很多的收纳空间，半封闭式隔断通常在室内能起到很强的装饰性，隔断形式多样，选择范围大，但同时日常的养护也较麻烦。

3. 设计灵活多变——层次隔断

层次隔断具有非常好的透光性和较优秀的收纳性能，主要依靠设计而不是依靠材料的隔断方式给室内灵活的增加使用空间，空间连贯而没有简单隔断的生硬感，但同时，层次隔断对室内设计有较高的要求，需要非常精巧的设计。

三、隔断设计也要因地制宜

室内隔断不可一概而论，选择隔断的方式和材料都要根据隔断的地点和用途而定，只有隔断和室内设计目的相匹配，才能达到相得益彰的装修效果。

1. 卫生间隔断，材料选择要仔细

卫生间隔断一般选择玻璃和石材的较多，考虑到长期与水接触的因素，一般选择木质较少，对于对隐私性较为重视的家庭，一般会选择不透明的全封闭式隔断，而透明隔断相对于前者，则有更多的时尚性。

2. 客厅隔断，根据用途选方式

客厅隔断的选择首先需要取决于客厅的大小和隔断的用途，对于面积较大而且预备分隔出完全独立的使用空间时，多数会选择全封闭的隔断，而对于只是需要将客厅的功能区做出一个良好的划分时，半封闭的隔断就是最佳的选择。

3. 书房隔断，不同区域巧划分

书房的巧妙隔断能很好地划分书房的不同空间功能，包括工作区和休闲区等，书房隔断的选择相比于传统的材料隔断，经常也会偏向于一种装饰性的隔断，利用层次隔断创造良好的空间效果。

四、夺人眼球的新型隔断

除了较为常见的隔断方式，现代设计师们也是奇思妙想不断，利用各种新形式的隔断创造出许多令人惊喜的装修效果，为室内装修增加了许多“隐藏的秘密空间”。

1. 充满幻想的移动隔断

巧妙地利用移动门来对空间进行隔断，有的甚至会将门三段变化，让人有种推开门就打开一个新世界的错觉，将空间的变化变得神秘而有趣。

2. 装饰性强的软性隔断

不利用明显的隔断材料，而是简单的一点珠帘或者植物，就给空间一个不同的诠释，软性材料的隔断不仅起到很强的装饰效果，同时也让整体的空间变化柔和起来。

3. 吸引眼球的家具隔断

利用书柜、酒柜等进行的隔断，看似家具的当空摆放，吸引眼球的同时也能改变空间的布局，更增添了空间的收纳性，实用又美观。

04 小户型隔断的设计指南

对于小户型来说，在屋内采用隔断设计，是一个不错的选择，它可以让房间的格局变得井井有条。

一、如何设计隐形隔断

隐形隔断一般用于房间较小但有功能区分的空间，以及采光不好的空间，因为用了一般隔断会影响光线。一般隐形隔断可以从地面、吊顶、墙面和软装这几个方面进行区分。

1. 地面

地面首先可以采用材质的变化，如客厅和餐厅可以用不同材质、颜色和图案等加以区分；其次可采用落差，如把餐厅部分做高一些，通过高度来划分空间。

2. 吊顶

吊顶用高低、形式上的简与繁等区别空间。一般餐厅的吊顶跟客厅比起来会压得比较低，这样客厅就会显得很宽阔，人待在客厅里比较舒适，并且餐厅里要求灯光比客厅要亮一些。

3. 墙面

墙面主要是颜色和材质有所不同。餐厅一般需要鲜艳一点的暖色调，这样对促进食欲有好处；而客厅为了显得比较大，多用浅色系，以扩大空间感。

4. 软装

植物、大型藤艺、木雕、石雕等都可以根据不同的装修风格来使用。

二、如何设计屏风隔断

屏风最基本的功能是分隔空间，制作出隔而不离的效果，使得室内功能分区更加明显，并且不会占用太多的空间。

例如，在面积较小的厅房中，用屏风作隔断，区分客厅和餐厅，既达到了功能分区的目的，又保持了二者之间的一种联系；在居室入口处放一架屏风，除了遮挡外界的视线，还能起到玄关的作用。

屏风隔断的特点是小巧轻便，可随意挪动，花色多样。选择屏风时，首先要考虑家具的颜色和风格，选择与之相配的，才能营造出隔而不离的艺术效果，反之则会破坏整个居室的氛围。有些户型比较难在市场中选到合适的屏风，可以到装修公司或家具厂家定做。

三、如何设计层架隔断

在选用层架隔断时，要注意其材质的特性和风格之间的搭配效果。简易木质层架、金属材质层架或用珍贵木材制作的博古架等，都可以起到装饰、摆设与隔断的作用。但它们的风格截然不同，木质的层架质感温和厚重，比较适合欧式风格和中式风格，金属材质的层架冷硬前卫，比较适合时尚感强烈的现代风格。

四、如何设计家具隔断

在用家具作隔断的布局中，采光和尺寸是最需要注意的两大问题。如果采光效果不好，再好的隔断家具也会使得空间昏暗而压抑。而尺寸不对，会使整个居室本末倒置、头重脚轻。采光问题可以通过灯光的运用来调节，尺寸问题需要注意的是装饰柜、沙发和书柜的大小。装饰柜的尺寸要根据门厅的宽窄来定，高度最好高于一般人的身高；沙发的尺寸应该遵循客厅的面积，摆在中央的沙发最好不要太大；书柜的大小依据卧室与书房的距离来确定，切忌让书柜的宽度超过一扇门的宽度。

五、如何设计布艺隔断

布艺隔断是一种最便捷的隔断方式，用轻巧的帘子就能把空间一分为二，创造两个温馨浪漫的空间。若需要一个大空间时，只要将帘子拉开就可以了，最适合紧凑的户型使用。

这种隔断方式的特点是易悬挂，易改变，并且花色多样，经济实惠，深受年轻人喜爱。要注意的是，在选购布艺时，色彩的搭配很重要。强烈鲜艳的颜色，会让居室显得活泼；质感厚重的深色调，会令居室显得紧凑；淡雅素净的暖色，能让居室显得温馨。

六、如何设计绿植隔断

可以做隔断的植物很多，在室内做隔断的植物要满足几个条件：植物的冠幅不能太大；植物自身没有带刺；上下都有叶片，不能用晾干的；耐阴效果好的。能满足这些条件的植物主要有心叶藤、棕竹、天竺桂、绿宝石、红宝石、鸭脚木等。

七、如何设计博古架隔断

1. 风格

博古架的选择必须和家居整体装饰相配合，如室内风格、色彩等，不然无法形成协调和统一。

2. 安全

博古架的摆放注意安全，这个是一个很重要的问题。家中如果有小孩，要注意防止小孩趁大人不在时乱动博古架上的饰品，不仅损坏东西，还可能会对小孩造成伤害。

3. 空间

要注意博古架的摆放会不会对整个空间造成视觉障碍，会不会影响通风采光，否则就会得不偿失。

家装小贴士:

博古架的选购提示

①注意博古架的质量

要仔细查看博古架质量是否合格，检查其质量说明书上标明的木材种类，博古架一定要选择结实耐用的木材；同时看博古架外面所刷油漆是否光滑均匀，靠近博古架闻闻油漆是否有刺鼻气味，如果有刺鼻气味，就最好不要购买。

②注意博古架内外部尺寸

博古架中设有很多摆放古董或陶瓷的格子，要根据不同古董或陶瓷的高度和宽度设计才能不浪费空间。认真检测博古架摆放古董或陶瓷的空间，看清是否适用。

③注意博古架的结实度

古物较重，不同于其他家具中收纳的物品，因此对结实度的要求很高，尤其是中间横板要求结实，这样整体才能牢固耐用。

第二章

不同形式的隔断如何选择

01 时尚屏风装饰性强

屏风，古时建筑物内部挡风用的一种家具，所谓“屏其风也”。屏风作为传统家具的重要组成部分，历史由来已久。屏风一般陈设于室内的显著位置，起到分隔、美化、挡风、协调等作用。它与古典家具相互辉映，相得益彰，浑然一体，成为家居装饰不可分割的整体，而呈现出一种和谐之美、宁静之美。

一、屏风的种类

按材质和工艺划分		
种类	图示	参考报价
木质屏风		6900 元 / 座
彩绘屏风		4300 元 / 座

（续）

石材屏风		550 元 / 平方米
绢素屏风		600 元 / 座
布艺屏风		75 元 / 扇
玻璃屏风		600 元 / 块

（续）

竹藤屏风		200 ~ 1000 元 / 座
金属屏风		450 元 / 平方米
皮革屏风		1300 元 / 座

（续）

镂空雕花屏风	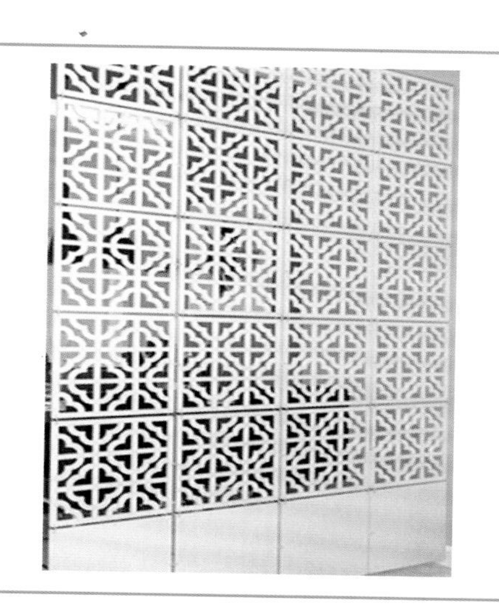	100 元 / 平方米

二、客厅屏风的布置

屏风作为一种灵活的空间元素、装饰元素和设计元素，具有实用和艺术欣赏两方面的功能，能通过自身形状、色彩、质地、图案等特质融于丰富多元的现代空间环境，传达着新中式的意味，演绎出中国传统文化韵味，把你带入情景之中。因此至今仍然被广泛地运用。

客厅是主要的公共空间。在这个空间里，一般以中式元素为主体，辅以现代功能的应用。整体色调统一在纯朴木色之中，红木沙发有序分布，搭以圈椅、灯饰，或是博古架，工整有序，如果能加入一扇屏风装饰其中，定能丰富整个空间，让人在厚重中感受着隽永的味道。比如，墙面上装饰着几幅挂屏，使得看上去既怀旧又新颖，打造不一样的气质。抑或在玄关处放置围屏、木质格栅式屏风等等能制造出“移步移景”的效果，让人意犹未尽，产生无限遐想。在定好主基调之后，再通过软装的色彩进行点缀混搭，增添别样的情调。

设计时尚的屏风，有时甚至比摆放在它前面的家具更加吸引目光。这类屏风无论是材料还是设计都非常大胆、新颖。选料上，往往摈弃了那些厚重的材料，由透明、轻柔的材料所取代。据介绍，以往屏风主要起分隔空间的作用，而更强调屏风装饰性的一面，薄薄的屏风，既保持空间良好的通风和透光率，营造出“隔而不离”的效果。色彩方面，与传统的黑、白、灰等色彩相比，显得更加丰富多彩，跳跃的红、鲜艳的黄、亮丽的绿等等都是受追捧的颜色。图案方面，更是令人目不暇接。若难以做出选择，几何、花卉、纯色这些款式无论什么时候采用都不会过时。

三、中式屏风的隔断设计之美

中式装修隔断设计并不是元素的堆砌，而是通过对传统文化的理解和提炼，将现代元素与传统元素相结合，以现代人的审美需求来打造富有传统韵味的空间。在中式风格的客厅装修中，屏风隔断是常见的代表之一，一个完美的屏风隔断不仅能给客厅带来不同新感受，还能很好地营造出独特的中式氛围。

中式屏风简称屏风，是古代汉族建筑内部挡风用的一种家具。屏风作为汉族传统家具的重要组成部分，历史由来已久，其诞生一开始是专门设计于皇帝宝座后面的，是帝王权利的象征，被称为“斧钺”，《史记》中便有记载：“天子当屏而立”。经过一段漫长时间的发展，屏风开始普及民间，走进了寻常百姓家，成了古人室内装饰的重要组成部分。经过不断的演变，屏风兼具防风、隔断、遮隐等多种用途，经久不衰流传至今，起到点缀环境和美化空间的功效。

当今屏风主要分围屏、座屏、挂屏、桌屏等形式，可以根据需要自由摆放移动，与室内环境相互辉映。屏风主要起分隔空间的作用，营造出“隔而不离”的效果，极佳地保证两个空间的独立性，相互映衬又互不干扰。例如在居室门口放一架屏风，既可作挂雨帽衣衫之用，又可遮挡外界的视线，避免一览无遗的尴尬。同时，屏风还可以用于遮蔽家中放有杂物的地方，起到很好的遮羞作用。

此外，屏风融实用性、欣赏性于一体，既有实用价值，又强调其本身的艺术效果。中式屏风给人华丽雅致的感觉，屏风上刻画各种各样的图案，在工匠的巧手下，花鸟虫鱼、人物等栩栩如生。若喜欢中式家具的典雅美观，那么中式屏风无疑是很好的搭配，即使家居风格不是以中式设计为主，也可以选择中式屏风，在不同设计元素的调和下，也许能够带来意想不到的效果。

无论面积大小，采用屏风隔断，既可以让空间的功能区增加，还能使每一个空间的隐蔽性得到很好的兼顾。如果采用的是移动式屏风，还可以让房间有更随意的选择和更灵活的处理，需要空间特别宽敞时直接移走屏风即可。中式古典红木家具的美似乎总少不了屏风的陪伴，在家中搭配雅致的屏风，既韵味十足，又能彰显主人不俗的品位。

家装小贴士：

挂式屏风的两种安装方法

方法一：天花板打孔。将在预置安装位置的天花板画一条直线，在这条直线上打孔。一列打2个孔，4列打8个孔。然后塞入膨胀管拧入钩形螺丝，接着将C形的屏风挂上即可。

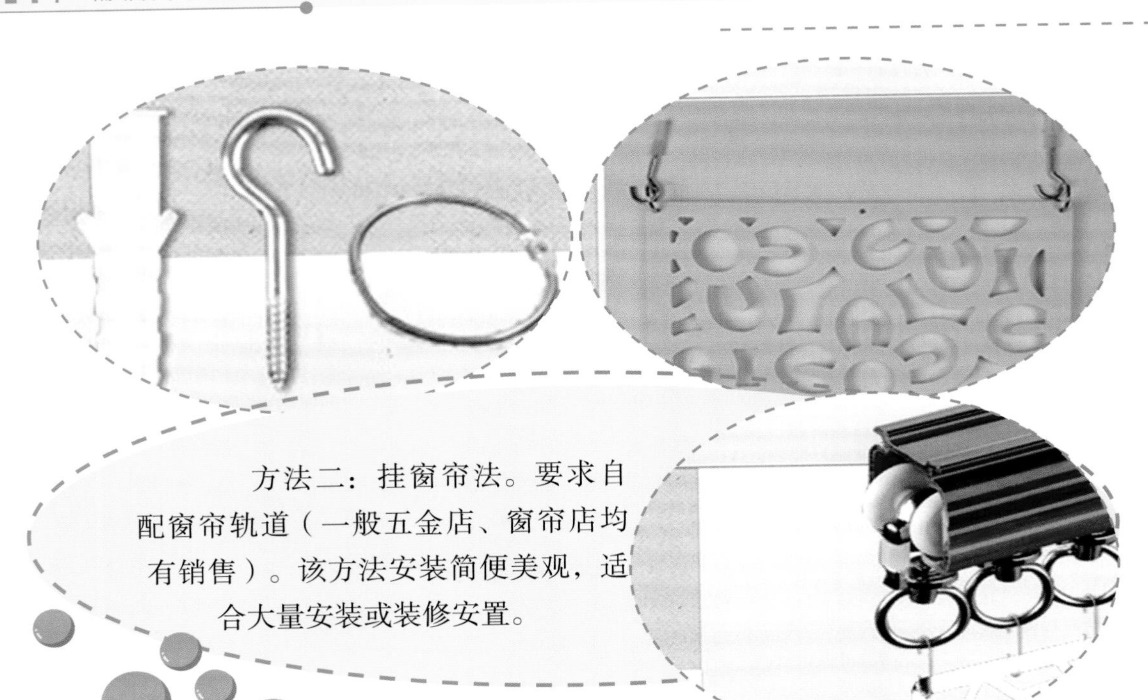

方法二：挂窗帘法。要求自配窗帘轨道（一般五金店、窗帘店均有销售）。该方法安装简便美观，适合大量安装或装修安置。

02 巧用珠帘隔断，轻松实现空间分隔

珠帘可以代替墙和玻璃，成为室内轻盈、透气的软隔断，有效地拓展空间。餐厅和客厅的空间分割或者玄关都可以采用这种似有似无的隔断，既划分区域，又不影响采光，更能体现美观。

一、珠帘的搭配

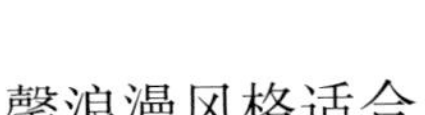

作为隔断，珠帘的色彩与款式要与居室风格色彩协调。例如，温馨浪漫风格适合

粉色或紫色，款式可以使用水晶珠帘，清爽简约风格适合冷色的水晶珠帘，以蓝、白、茶色为宜，时尚感强的格局则适合用红色、绿色、烟熏色等色彩明快鲜艳的珠帘搭配，但是欧美古典风格当然还是使用全透明的水晶最显高贵了。

同时，珠帘的尺寸也必须考虑到用料的问题，如果要做玄关的珠帘，一般要求做1.8米至2米，这种长度就尽量不要选择珠子太大太重的款式，那样会增加每根珠链的重量，珠帘容易断线；而在需要经常出入处的珠帘要尽量设计得短一些，可以选择一些漂亮有颜色的吊坠，那样既美观又实用，因为经常出入，总要拨动珠帘，既麻烦，又很容易扯断珠链，建议尽量设计为半帘或没有吊坠下摆参差不齐的款式。

二、常见珠帘的造型

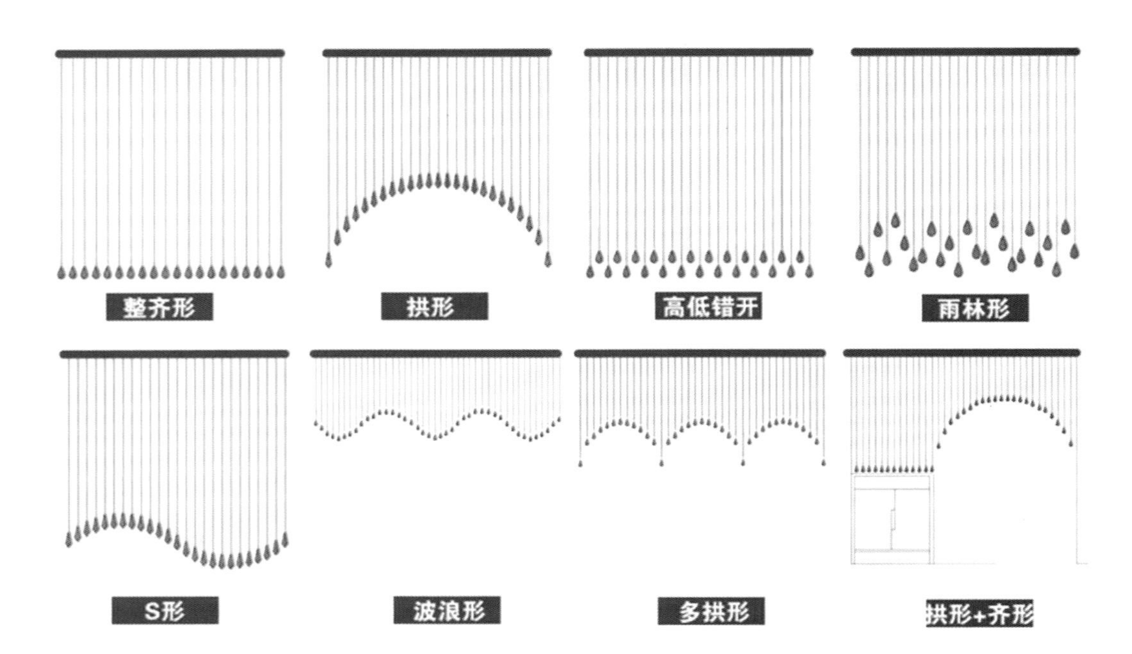

三、珠帘的种类

种类	特点	图示	参考报价
人造水晶珠帘	比较重，硬度大，档次高，是制作珠帘的主要原料之一，透光和折光性均很好，且寿命长。其缺点是颜色及珠形种类相对亚克力稍少一些，价格相对高一些。		250 元 / 平方米

（续）

亚克力珠帘	亚克力珠光泽好，透明度高，颜色丰富，色彩艳丽、品种多，有“塑料中的皇后”之称，是现在市场上应用最广泛的材料。其缺点是因为是塑料材质，重量轻硬度小，所以耐磨性较弱，阳光暴晒会掉颜色，长时间碰撞会有小的划伤细纹，影响折射效果，故寿命比水晶珠较短		70 元 / 平方米
天然贝壳珠帘	选用优质的贝壳加工而成，既美观又环保，尤其在相互碰撞的时候，会发出宛如风铃般的悦耳声音。常用的贝壳有镜贝和棉蚌，镜贝比较薄，透光性较好，棉蚌比较厚，透光性不如镜贝，但比较显档次，通常都是采用中间有孔的珠片	       	180 元 / 平方米
琉璃珠帘	正宗的琉璃珠因原料和工艺等不同因素，收藏价值非常高，价格也非常昂贵，一般用来做高档首饰，所以我们现在采用了跟琉璃工艺差别不大的水琉璃（也称为仿琉璃）来制作珠帘，彰显经典的华丽风格。水琉璃是以透明树脂胶结合人造水晶，加染料烧制而成的玻璃制品，虽然不如琉璃的收藏价值高，但色彩和工艺跟琉璃大同小异，是制作古典珠帘最适合的材质		360 元 / 平方米

（续）

仿珍珠珠帘	由 k9 玻璃烤漆制作而成，颜色丰富，有天然珍珠般的亮度，一般都用来做各种首饰，现也广泛用于珠帘的制作		120 元 / 平方米
天然石珠帘	选用各种天然水晶、天然翡翠玉或天然玛瑙等制作而成，档次高、具备天然宝石的能量，还可以带给您好运		1000 元以上 / 平方米

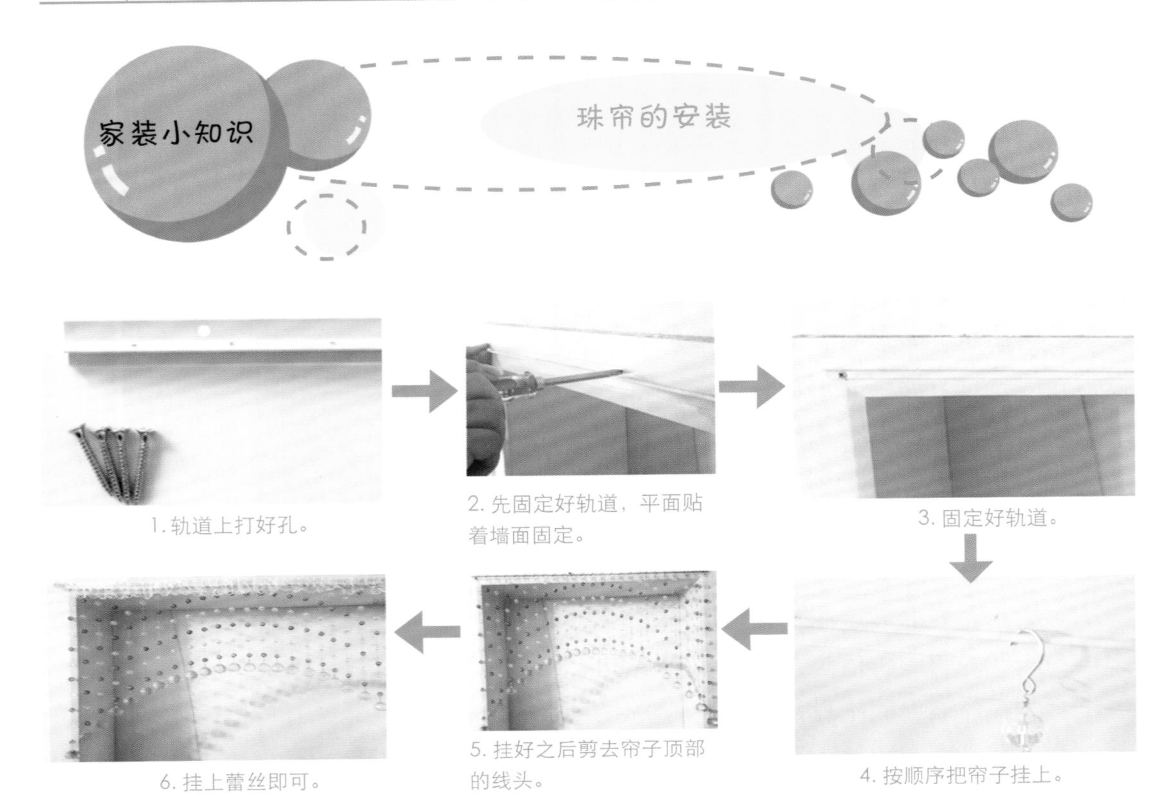

1. 轨道上打好孔。

2. 先固定好轨道，平面贴着墙面固定。

3. 固定好轨道。

4. 按顺序把帘子挂上。

5. 挂好之后剪去帘子顶部的线头。

6. 挂上蕾丝即可。

03 亲密又独立的玻璃隔断

玻璃，有着轻盈的质感，加上视线可穿透，因此让它身负“间隔”与“放大空间”这两个相冲突的功能。另外，玻璃透光的特性，也可以解决房间昏暗的问题。因此在小面积住宅设计中，是室内设计师最常用使用的建材之一。

一、0.5～0.8厘米厚的宜纯装饰

玻璃种类繁多，顾及安全性，目前居家都是运用强化玻璃，就算打破了只会碎成颗粒状，与一般玻璃碎片相比，较安全；强化玻璃依厚度来分，有0.3厘米、0.5厘米、0.8厘米、1厘米，完全未加工处理的一般称为“清玻璃”。

清玻璃常被用作间隔墙，其透明特性让视线穿透无碍，可加大空间感。但当间隔或置物层板用的清玻璃，最好选厚度为 1 厘米的，承载力与隔音较佳；0.5 ~ 0.8 厘米厚的则适合当衣柜等柜体门板，或是纯装饰部分。

安全性比强化玻璃更高的则是“胶合玻璃”，由两片玻璃组合而成，中间有层胶黏合，可让碎片连在一起而不飞散，常作间隔墙。

二、加工玻璃，保留光线也保留隐私

玻璃建材可给人轻盈感，采光极佳，但清玻璃隐私性较低，除了加装窗帘来遮蔽外，还可选择加工处理的玻璃，如磨砂玻璃、纹理玻璃、雾面玻璃，以达到“透光不透景”的效果，保护隐私。纹理玻璃是直接将图案烧在玻璃上，如波浪、竹叶、花朵等，可再加上磨砂或染色处理，不过价格较贵，比清玻璃每平方米贵 100 元左右，所以多半用在装饰部分墙面或柜体。

清玻璃还有个缺点，就是无色彩，不过为了迎合各式现代风或古典风，烤漆玻璃应运而生。运用烤漆技术将玻璃上色，就是多种色彩可选，又带有玻璃光泽。

三、烤漆玻璃镜面效果

黑色烤漆玻璃类似墨镜反射效果，但想有镜面反射的效果，选镜面建材较好，反射清晰，价格适中。

双层玻璃组合又发展出新花样，两层之间可“夹”的物质不少，像宣纸、金银丝线、纱质布料等，甚至金属编织网都行，各个呈现风格不同，宣纸玻璃比较偏东方味，金丝玻璃就很现代，纱质布料则视图案的不同而有更多风味，金属编织网则是贵气逼人，这些双片玻璃组合的价格视“夹”物质而定，一般每平方米 260 元左右。

四、常见隔断玻璃种类

种类	特点	图示	参考报价（每平方米）
玻璃	受外力重击容易破裂，安全性低		约 80 元
清玻璃	为强化玻璃的一种，但完全未经加工处理，安全度较高		约 280 元

（续）

加工玻璃	如磨砂玻璃、纹理玻璃、雾面玻璃等，可达到“透光不透景”效果，光线不受阻挡，但保留隐私		70 元 / 平方米
胶合玻璃	由两层玻璃组合而成，中间有层胶黏合，可让碎片连在一起而不飞散，常用作隔间墙	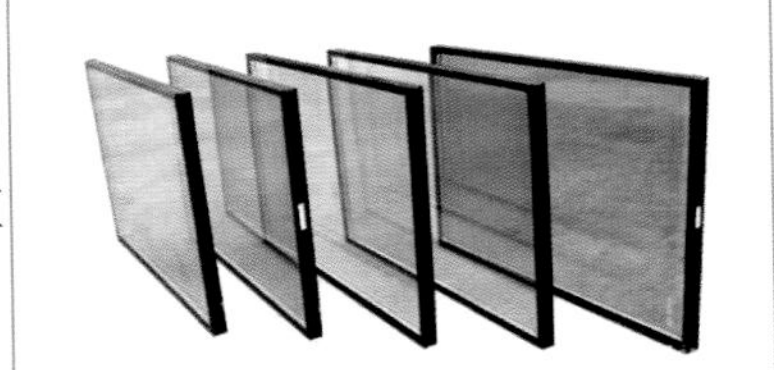	180 元 / 平方米
烤漆玻璃	运用烤漆技术将玻璃上色，有多种色彩可选，亦带玻璃光泽		360 元 / 平方米

04 陶粒轻间隔，防火隔声佳

时下流行的轻间隔，兼具隔音防火的功效，能让生活质量更加提升。以 CFC（Ceramic Ferroconcrete，陶瓷钢筋混凝土）预制板做轻隔间，具备防火、隔音、保温和抗高压等优点，且可回收再生利用，更能直接上坯土粘贴瓷砖，或表层上漆料，实用性高。缺点是表层有细孔，不防水，若使用在浴室间隔，必须在表层涂上防水涂料。

一、现场组装，干式施工

产品中陶粒面积占85%，陶粒是由黏土经1000℃以上高温窑烧完成，也是让产品具备防火、隔音、质轻特点的主要功臣。每块CFC预制板有固定规模尺寸，宽度固定50厘米，长度依照楼高不同介于200 ~ 500厘米，都先在工厂生产再运送到施工地点。

和传统砖造间隔施工不同处，在于采用干式施工，接缝处以灌浆方式结合成完整墙体，施工便利且干爽，平均130平方米的空间施工仅需一天时间。但是，若产品进场时运货的楼梯间或电梯高度不够，则不利于产品进入。传统的砖造或木板间隔可先运送原料，在现场施工裁切。

二、节省预算，施工便利

传统间隔采用砖墙，成本高且质地厚重，随着室内装修进步，开始吹起轻间隔的风潮，既节省预算，且施工便利。CFC 预制板采用质地轻的进口陶粒水泥、沙子和钢筋铸成，具有隔音、防火、保温和高抗压等优点。

三、墙面可直接贴瓷砖

由于 CFC 预制板的墙板表面是切割面，平整度和石材相当，墙面无须再找平处理，更可直接粘贴瓷砖、壁纸装饰墙面。若要上漆，由于表层有细小孔隙，可先刷上一层水泥浆，再上漆。但表层的细小孔隙，也让产品不具备防水功能，若在浴室使用，必须在表层涂防水漆。

传统砖造墙面价格较贵，木材隔间虽然轻盈，但是不隔音防水，在使用上有些不方便，而专卖隔音板的建材，在壁内加进内含角材、隔音棉和石膏板等的断音层，也具隔音效果，但价格较贵。

四、常用间隔墙性能比一比

种类	CFC 预制板	水泥中空板	红砖
重量	68 千克 / 平方米	88 千克 / 平方米	220 千克 / 平方米
防火性	2 小时	1 小时	1 小时
隔音效果	44%	33%	31%
材质	水泥、陶粒	石膏板	红砖
环保度	可回收	不可回收	不可回收

家装小贴士：

CFC 预制板不适合做地板

CFC 预制板属于实心板，不管用于室内外，若不刻意用重物敲击或用电钻钻孔，都不会变形，因此许多人担心日后要埋设管线会不方便。事实上，因为材质还是没有传统红砖坚硬，所以若要切割、挖槽或埋管皆可。

CFC 预制板也具有承受重物的特点，可直接钉铁钉或钢钉，承重大约有 600 千克。因为属于轻建材，故使用功能还是以室内间隔为主，不适合用作地板或天花板。

05 发泡隔热板，隔声防水又保温

发泡隔热板质地轻盈，可百分之百回收再利用，属环保建材，且具隔热、防水、隔音及保温特性，被广泛用在外墙、屋顶、门板、间隔及榻榻米夹层里，不过，缺点是怕紫外线照射，上层须加设保护层。

一、可做顶楼铁皮内里

过去隔热或防水建材常用泡沫塑料，但因材质有细孔，当被破坏、吸入水分或经过 3 ~ 5 个月使用后，有的会开始分解，最常见就是一颗一颗脱落。不过，发泡隔热板则为闭孔式结构，组成分子较小，不会吸水，拿来做地下室外墙、顶楼铁皮内里、地基时，有防水隔热优点。

以顶楼防水层来说，传统施工法为铺设砖块后再上防水层，若防水层破损即失去防水功能；若采用发泡隔热板，在传统施工的防水层上，铺设发泡隔热板后，再加上点焊钢丝网，最后才灌入具保护作用的轻质水泥。

二、可隔绝外墙湿气

发泡隔热板铺设外墙，像是让房屋穿上羽绒服，可阻挡湿气进入，还有保温作用，适合湿气较重的山区或海边住家。发泡隔热板也被广泛用在门板、间隔夹层，或当天花板、榻榻米的材料，具有轻盈、隔音优点。过去的榻榻米只要一碰到水，底层就容易发霉、生虫，改良后上下层为榻榻米，中间夹入发泡隔热板，可阻绝水汽，榻榻米底层不用担心发霉问题。

三、阴雨天不宜施工

若要做发泡隔热板间隔，施工前需留意天气好坏。好天气施工等干要 5 天，不建议雨天或阴天施工，避免层板吸进湿气。

发泡隔热板小档案

图示 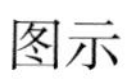	
优点	1. 可回收利用，节能环保 2. 质地轻盈、隔热、防水、隔音及保温
缺点	怕紫外线照射，上层需铺设保护层
运用	外墙、屋顶、门板、隔断及榻榻米夹层
参考报价（每平方米）	60 ~ 395 元

06 竹材隔断，需涂桐油防潮

竹子运用范围广泛，从天花板、地板、隔断到家具皆可，但视其口径大小不同，各有装修用途，如桂竹多用来作隔断，白竹则适合拿来美化地面。经过防腐、防蛀及防潮处理的室内竹材，保养妥当可使用10年以上。依种类及口径大小计价，整根竹材单价从6 ~ 18元不等。

一、孟宗竹可做主体，桂竹、墨竹用作轻间隔

竹材经200℃以上的高温烘烤出油，稍加碳化，以防止日后因温度变化而龟裂，再涂装桐油及亮光漆以防腐、防水。不止如此，竹子浸水后即会释放出自然的防腐元素，

不过一般亦会添加药剂以防虫蛀，并在底层粘贴薄薄一层的棉纸，以抑制变形。

竹材常见的竹质可分孟宗竹、桂竹、白竹及墨竹，其口径大小不一，口径12厘米以上的孟宗竹，被裁切成薄片后，降低毁损的可能性，就能突破传统的不防潮和容易变形的缺点。在竹子表层涂抹防水漆料，能达到防潮效果，经过完整的防腐、防蛀处理后，因支撑力强，也可当房屋的主体结构，但表层还是要尽量保持干燥。口径在4～6厘米的桂竹、墨竹，则可用来作轻间隔；口径在4厘米以下的白竹则适合当地壁材，用来装饰墙面或地面。

二、价格比原木贵1倍

采用竹制建材，比一般原木建材价格贵1倍。竹建材的抗拉折程度比木建材高出1.5倍以上，也比树木多释放了35%的氧气，且能吸收二氧化碳，能维护生态平衡。

目前竹制建材可区分为竹地板和竹薄片两大类。虽然竹子本身具有环保功效，但是碍于目前的技术层面，在制作地板时，还是必须使用木制合板，在表层粘贴薄竹片，并在底层黏着静音防潮泡沫垫，同时增强地板的弹性；薄竹片可粘贴壁面或家具，使用范围广。

三、旋切、剖切纹路不同

薄竹片依照裁切方式不同，可凸显竹子的自然纹路。采用旋切方式的薄竹片，是利用机器架住竹节两段，旋转的刀片将竹子切成薄片，可在产品上看到细长的竹节纹路，43 厘米 ×250 厘米大小的价格是 70 元左右。

采用剖切方式的薄竹片，则是以垂直的刀法将竹子切成细条状，再拼接成细长竹条，呈现不同视觉感受，尺寸 50 厘米 ×200 厘米大小的价格是 50 元左右。薄竹片可粘贴在壁面、门板、家具上，随消费者喜好定做。

四、室外竹材平均 1 ~ 2 年更换一次

竹材虽经防水、防腐与防蛀处理，但因表面无毛细孔而缺乏张力，不似木材易受日晒、湿气造成的热胀冷缩。若用于室外或环境潮湿的室内环境，须频繁上漆维护或

更换新材，否则不建议大量采用竹材来装饰空间。日常保养方面，用于室外的竹材须承受风吹日晒，3 ～ 6 个月就要重涂亮光漆，以避免水分渗透而腐化。即便如此，长期下来仍会因直接暴晒，造成竹材褪色，平均更换频率为 1 ～ 2 年。

用于室内的竹材，因不必面临日晒雨淋，仅需 1 ～ 2 年补涂桐油防潮，偶以拧干的抹布擦拭灰尘，用吸尘器或干布擦拭，禁用湿布，以免竹子吸进水分，造成变色，只要保养得当，竹材寿命可维持 10 年以上。若想符合室内空间风格，维持竹材外观的自然光泽，也可省略上亮光漆的程序。

五、趁生长期挑买原竹

一般竹子被砍下后，表面原为青色，但此色不易与一般室内装潢颜色搭配，所以经“去青”处理，将颜色变成黄白色，才易融入室内装修。若设计师对颜色有别的要求，也可在去青后的原竹表面涂漆变色。

选购原竹时，最好在农历九月到来年农历三月挑选，因为此时正是桂竹生长期，品质较佳。若没有造型的考虑，外观以无斑点者佳，形状则是越直越好，因为当原竹并列排列时，外观会较整齐，孔隙也较小。至于竹子的斑点黑纹，因自然竹子本身就有曲度，处理时会以炭火加热拉直，在加热过程中，会留下烤过痕迹，但有时竹子上的斑点原本就存在，并不一定是人工造成的。

六、各式原竹比一比

种类	孟宗竹	桂竹	白竹	墨竹
口径	约 12 厘米	4 ~ 6 厘米	2 ~ 3 厘米	约 3 厘米
价格	约 18 元 / 根	约 15 元 / 根	约 6 元 / 根	约 9 元 / 根
特点	口径大，可做结构主体、间隔，或空间装饰	口径中等，可灵活用于空间设计	外观净白，适用于装饰小墙面	特殊黝黑色泽，别具风味

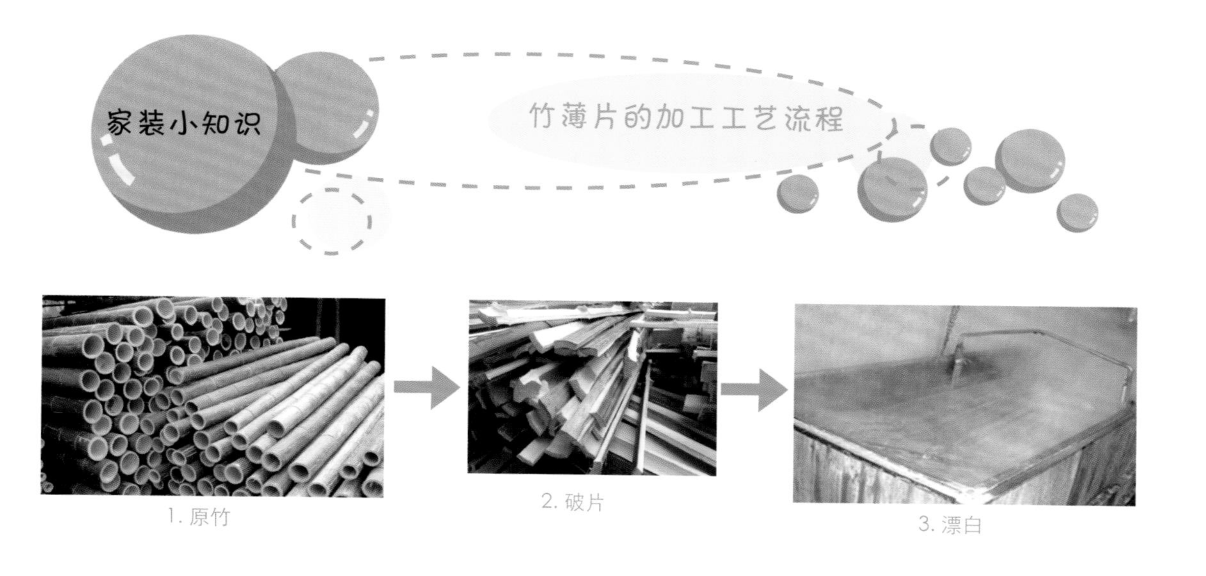

1. 原竹
2. 破片
3. 漂白

4. 烘干

5. 精刨

6. 选条

07 挑选推拉门的必知关键点

来到建材市场逛一圈，发现市场上的各种建材产品真是多，各种风格、图案、功能的家居产品，一时间眼花缭乱，不知道如果选择。想要理清头绪，有条不紊的选好每一款建材产品，首先，您要结合自家需求进行选购。比如，厨房空间您可选购一款推拉门，推拉门不占空间，推拉方便，而且现如今推拉门多是磨砂门面，朦胧感的外观又十分美观。

一、如何选购推拉门

1. 选购推拉门，首先要看底轮的承重能力和灵活性

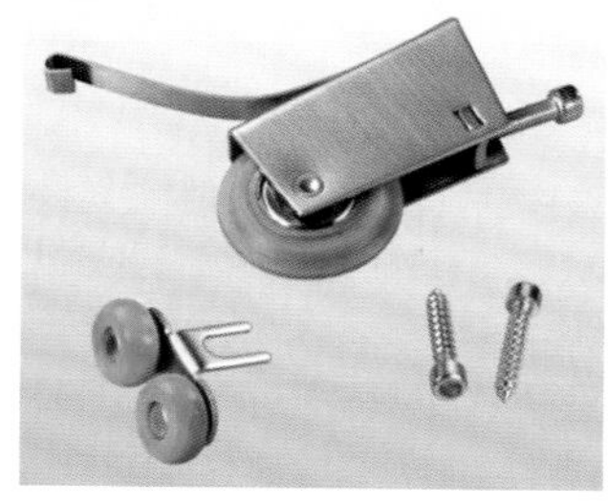

推拉门中最重要的五金部件就是下面的滑轮，推拉门是否能够长期使用，关键在于滑轮的质量。目前，市场上滑轮的材质有金属滑轮、玻璃纤维滑轮和塑料滑轮 3 种。塑料滑轮质地坚硬，容易碎裂，使用时间一长会发涩、变硬，推拉感就变得很差；金属滑轮强度大，但在与轨道接触时容易产生噪声；玻璃纤维滑轮韧性、耐磨性好，滑动顺畅，经久耐用。

总之，好的推拉门在滑动时既不会太轻飘也不会太沉重，而是带有一定门的自重，滑动时没有振动，顺滑而有质感，您在选购时可以用手推拉感觉一下。

2. 看门框的选材及门板厚度

目前市场上推拉门使用的边框材料有碳钢材料、铝钛合金材料等，其中铝钛合金材料最为坚固耐用；其次要看门板厚度，推拉门用的木板，最好选择 10 厘米或 12 厘米厚的板材，这样使用起来才稳定、耐用；厚度小于 8 厘米，会显得单薄、轻飘；6 厘米以下厚的门板极易变形，难以达到正常使用的要求。您在选购时，不妨量量门板的厚度，看看其是否达标。

3. 看轨道定位和减震装置

高质量的推拉门五金配件主要体现在滑轮系统及轨道的设计、制造和二者的完美结合上，轨道是至关重要的。轨道质量取决于其必须具有能与滑轮配合得珠联璧合的弧度，需要提醒的是，好的轨道在与滑轮接触面的光滑程度和强度设计上比较优秀，并不是轨道壁越厚越好。主要还是看轨道的定位是否合理，有无玻璃防撞胶条，轴承式滑轮在推动时是否顺畅静音，底轮中是否放置了减震系统，是否具有门高调节装置等。

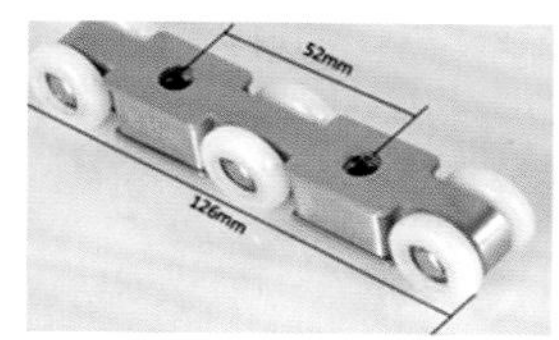

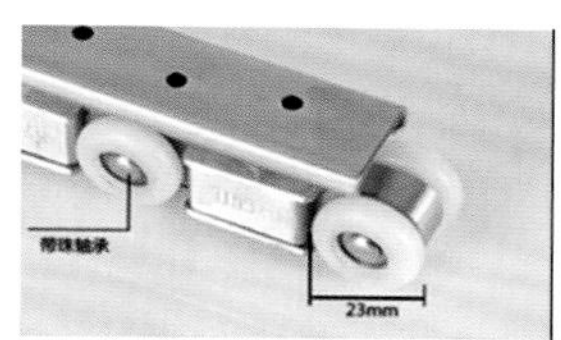

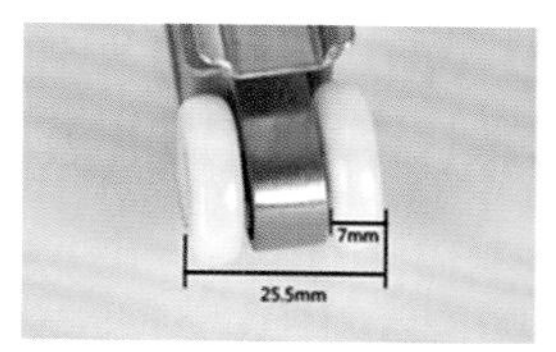

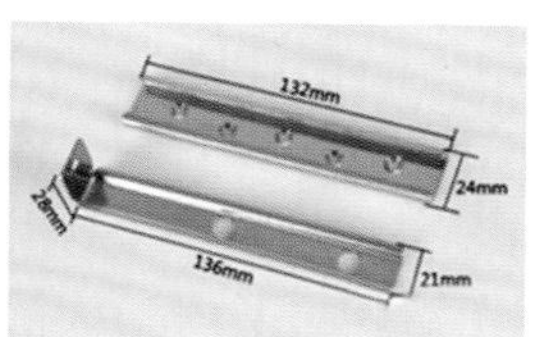

4. 考虑到密封性，建议门间隔不超过 5㎜

为了保证两门错开合拢，所有的推拉门产品都会有间隔，一般的外置滑轮需要 15

毫米的间隔，而且产品上下要加毛条，尽管多数产品都加了毛条，但不同产品所用的毛条的密疏、缝隙的大小差距还是比较大，所以，建议您尽量选择间隔小、毛条密的产品。

5. 最好选购大品牌的推拉门

影响推拉门使用寿命的关键因素是滑轮。大品牌的滑轮设计使用期限都为 15 年左右，而一些仿冒产品的滑轮 2 ~ 3 个月可能就会坏掉，这严重影响了推拉门的使用。所以，为了日后的长时间使用，还是建议选购大品牌、信得过的产品。

二、推拉门的清洁和保养

1. 推拉门的边框多为金属材料，日常清洁时用干的纯棉抹布擦拭即可。若用水清洁，应该尽量拧干抹布，以免金属表面损坏，影响美观。

2. 推拉门门板为玻璃板。对于玻璃板，平日可以采用柔软干燥的棉布或丝绸擦拭，注意避免划伤门板表面。当有严重污迹时，可以使用中性清洗剂或专用清洗剂清理污迹后，再用棉布干擦。

3. 底轨容易积存浮尘，它直接影响底轮的滑动，从而影响推拉门的使用寿命，因而平时要注意经常使用吸尘器清除底轨浮尘，边角处用抹布蘸水清洁，同时注意用不掉毛的纯棉布擦干。

做吊轨推拉门时上部的轨道盒尺寸是要保持在 12 厘米、9 厘米这种程度，只有尺寸符合规范后才能够将推拉门悬挂在轨道上保证不脱落；再一个是推拉门的高度问题，如果高度低于 1.95 米的话那么就会给人产生一种压抑感，所以门的尺寸最好是在 2.07 米左右才最为合适。

安装轨道时，首先要将轨道稳稳地固定好，并用重力锥在轨道的两端和中点用油笔标志出位置；

轨道安装好后，在轨道标注的中心位置处放一根吊锤指到地面，两端同样也需要放垂直线；

STEP3:

标出的 3 个点完全固定平行后就可以保障上下完全平行，这样就可以安装推拉门了；

推拉门安装的宽度和高度要与轨道相符合，才能够在这种结构的情况下安装出来的推拉门是稳定又美观的。

08 布艺隔断装饰色彩混搭技巧

一、布艺装饰混搭技巧

1. 使用双层布料丰富层次感

窗帘是很好表现布艺的空间角色，可以在内层使用拥有细致缇花的布料，外层搭配一块同色系的厚布做衬底，让两者相辅相成增加层次变化性，在沙发旁简单插上优雅的花饰，即构成家中一幅唯美的画面。

2. 善用花布做壁饰

墙面上除了挂画装饰，如果想凸显不同风格的氛围，最好用的物件即使用布艺做装饰，如图中利用了日本和服腰带的传统花色，简单在木质椅上摆放同时代感的陶器，让时空静置，表现质朴的文化风味。

3. 从壁纸衍伸主题

选定空间的主角是让布置不杂乱的秘诀。此卧房即以壁纸出发，混搭各式同色调的家具、布艺，有了统一格调的主轴，居家陈列可以尽情地随兴搭配，如摆上欧洲的古董椅和美国艺术街找来的床头柜，空间有了主轴才能更具特色。

4. 大胆混搭同彩度色彩

色彩的比重和彩度是影响空间视觉的关键，因为布艺是很好呈现色彩的媒材，在用色上可尝试大胆作风，选择一定范围的彩度，如偏粉色系、森林色系、缤纷亮色系等风格，则能强化空间中的色彩表现。

二、浴室布帘隔断选购妙招

浴帘一般由塑料或尼龙等材料制成，具有一定的防水防风作用，因此主要用于防止淋浴的水花飞溅到淋浴外的地方，以及起到一定的保温作用。

1. 选择浴帘材料

以前的浴帘是普通塑料制成的，价格便宜，但冬天质地较硬，不结实，一拉就容易扯破，淋浴时甚至还会往身上吸，夏天还好，冬天的话会令你十分不爽；聚氯乙烯（PVC）透明度好，结实耐用，垂感佳，手感一般，会随天气的变化手感而变化，本身会有淡淡的味道；环保材料（PEVA）是PE和EVA的聚合物，也是环保材料，无气味，手感佳。

2. 选择浴帘厚度

浴帘并不是越厚越好，太厚的面料往往会影响浴帘的透气性和防水性能，遇水也不易干，长期使用容易导致发霉，而相对薄一些的浴帘，如果面料垂坠感不错，也不失为佳品，使用非常舒适。浴帘的厚度一般在0.1 ~ 0.15厘米，最简单的比较方法就是同尺寸同材质的浴帘，重量是多少，这样可以确定厚度。

3. 选择浴帘尺寸

浴帘尺寸用宽度 × 高度标注。请注意：浴帘的宽度要比浴室宽度要宽，也就是说需要拉浴帘部分的实际宽度要大一些，比如，您的浴室或浴缸宽度是 160 厘米，那就需要购买 180 厘米宽的浴帘了，帘子都需要有延展余地，买 160 厘米的就拉不严实了。浴帘高度以 180 ~ 200 厘米的居多；浴帘下摆的离地高度要有 1 ~ 2 厘米。下摆最好别拖地，容易蹭脏，有时候不小心一脚踩上去还容易把浴帘撕坏。

4. 注意气味

浴帘气味与印刷工艺有关。浴帘分机印刷和手印刷，机印基本不会有气味，但只能印刷一些重复的花色；手印是人工印刷，一般用在整幅效果或者不可重复的花色上，工艺非常复杂，成本相对较高，同时印出来也有比较重的油墨味。新的浴帘制作好就直接包装，打开包装会有油墨味，拿出来挂好，通风，油墨味会自然挥发掉的。

家装小知识

浴帘必须安装挡水条?

选择浴帘做干湿分区有一些需要注意的问题，首先就是挡水条。有些人认为卫生间只要把淋浴区的地面铺设为向地漏倾斜的就可以，但是使用过后才知道下水的流水速度是比淋浴冲下的水速要慢的。如果不想洗澡的时候卫生间水漫金山，那么卫生间淋浴区不仅要把地漏设置在淋浴区内，地面向地漏倾斜，还需要安装地面挡水条。

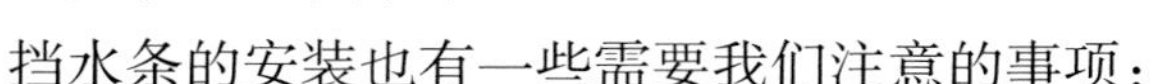

挡水条的安装也有一些需要我们注意的事项：

1. 挡水条一定要安装在浴帘的外围，因为浴帘使用中会摇摆，只有把挡水条设置在浴帘的外面，这样水才不会顺着浴帘流到淋浴区外面。

2. 挡水条最好是要选择天然石材，厚度为 1.8 ~ 2 厘米的石材，裁为 5 厘米左右宽的条，最好石材条的两边都磨为 45 度坡脚，这样可以避免绊脚。然后把石材条用玻璃胶粘在地面即可（一定要选择防霉的好玻璃胶，因为卫生间很潮湿）。

第三章

不同环境的隔断设计如何实现

01 客厅与餐厅的隔断方法

三

现在很多房子的设计都是客厅跟餐厅连在一起的，虽然稍微有划分，但是并不是很明确。为了帮大家解决这个问题，下面介绍客厅与餐厅的隔断方法以及设计技巧。

一、客厅与餐厅珠帘隔断法

客厅与餐厅隔断采用珠帘的方法，这可以节约隔断的材料费，而且还增加了空间的美感，还有个好处就是节约空间。

二、客厅与餐厅博古架隔断法

客厅与餐厅隔断采用原木的博古架，增加了房间的古典气氛。在布局上，博古架还可以充当储物柜的效果，博古架上可以摆放许多小件物品。小物品多而且不好整理，此间用上博古架，将小件物品摆在博古架上，节约了房间的空间，也装饰了空间。

三、客厅与餐厅矮柜隔断法

简约欢快的空间采用了矮柜作为客厅与餐厅的隔断，站起来，就能对客厅和餐厅一目了然。用矮柜做隔断，除了在整体视觉上错开客厅与餐厅的空间，矮柜还可以摆放东西，也起到了收纳的效果。

四、客厅与餐厅的电视背景墙隔断法

客厅与餐厅的隔断采用电视背景墙作为空间的隔断，电视背景墙的宽度不宽，并没有完全阻隔客厅与餐厅的空间，在行走上也比较方便。中间放置电视背景做隔断，可以节约空间，也无须花费其他费用购置隔断材料。

五、客厅与餐厅的鱼缸隔断法

如果你想破脑袋就是没有想到用什么隔断，那你有没有想过可以用鱼缸来进行隔断呢？不但能点缀我们的家居装修格调，而且还会让我们的生活显得更加有生机。

图示	
作用	散发负离子能量，具有净化空气、消除头痛和焦虑、分解挥发性有机物质（如甲醛）等作用。
负离子释放量	约 585 个 / 立方厘米
生产限制	负离子能量原料只能添加于施釉砖
参考价格	64 ~ 180 元（60 厘米 ×60 厘米）
最小订制量	2600 平方米
交货期	45 ~ 60 天

三

02 阳台和客厅要不要隔断？

一、阳台与客厅是否要隔断

任何装修都不应该是盲目跟风的，看见别人的家里都做隔断，所以也跟着做隔断。装修应该根据个人的实际需要、装修的风格和户型的大小来综合做决定。

对于小户型来说，客厅和阳台不做隔断，可以扩大使用空间，增加客厅的采光性和通透性，让空间在整体上有统一感。但是缺点是晾晒的衣服，从客厅看去一点都不美观，空间没有区分，户外的灰尘也很容易到客厅里，保温性能也差。

对于正常户型和偏大一点户型的房子来说，阳台与客厅尽量还是做隔断比较好。首先对于客厅的安全卫生来说是有保障的。

隔断就意味着多了一段屏障，安全性能也增加了，另外多了一层阻挡灰尘的窗户，有利于阻挡灰尘、雨水的侵袭，室内的卫生状况会有明显的改善。做了隔断空间划分，给人一种空间上的层次感。其次对于家里有小孩的家庭来说，为了小孩子的安全着想，阳台与客厅尽量要做隔断。

整个客厅空间密闭性好，私密性也更好。如果房子靠近马路，隔断也有一定的隔音性能。而且冬天会比较冷，寒风凛冽，不做隔断，保温性能太差，做了隔断，室内会暖和很多。

二、想要客厅与阳台隔断，必须考虑三个点

第一点：风格要统一

基本上家庭装修的每个部分都要求与整体的风格相统一，这也是客厅阳台隔断不得违背的原则，如果客厅是欧式古典风格，阳台却装修成了中式古典，这会让人觉得有些错位，显得不伦不类。即使是流行混搭的装修风格，也要使用两种风格相近的元素，因为在客厅中就可以看到阳台，所以要保证视野内的和谐。

第二点：采光问题

阳台是重要的采光源，但是客厅一样离不开阳光，所以在客厅阳台做隔断时，不能采用实体墙全部隔断，必须留有充分的空间供客厅采光。一般可以选择玻璃推拉门，这样不会阻挡光源。另外可以配上双层的窗帘，这样当不需要太强的光照时可以使用窗帘阻挡，灵活又方便。

第三点：材料选择

因为阳台就是客厅空间的延伸，所以都提倡在风格上保持统一。但是在实际的装修中，由于两者的功能不同，也要在细微处进行特别的处理。一般比较小的阳台，用来休闲晒暖的阳台，最好选用与客厅一样的装饰材料，包括地砖，墙体装饰等。如果是客厅、阳台的空间都比较大，那在隔断以后可以使用两种相近的风格进行装修。特别要注意，经常晾晒湿衣服的阳台不能使用木质地砖，最好选择瓷砖。

家装小知识

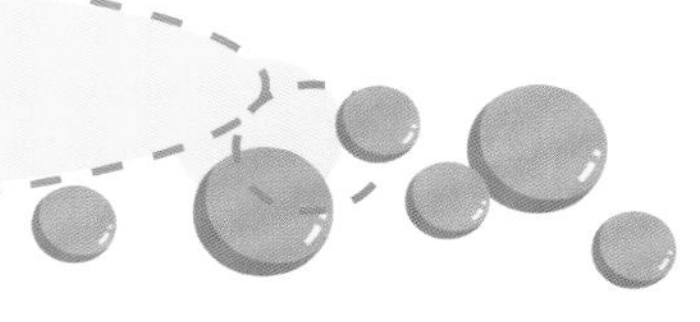

实木贴皮

图示	
材质	实木切成的薄片
特点	实木贴皮是广泛使用的建材，价格便宜且保有实木自然触感。为了方便施工，背后大多粘贴无纺布，再分为自粘无纺布和无纺布贴片。前者像贴纸，后者则得涂胶再粘上；纹路有人造和天然两种，人造产品中除了特殊纹路，一般价格比天然的低，但花纹不似天然的优美。
参考价格	天然型： 1. 无纺布贴皮 30 ~ 150 元。 2. 自粘型无纺布贴皮 55 ~ 240 元。 人造型： 1. 无纺布贴皮 27 ~ 220 元。 2. 自粘型无纺布贴皮 47 ~ 170 元。

03 室内隔断墙不是想拆就能拆

大楼里，一个人家的墙不只是他一个人家的。想改格局、拆墙，要办理拆墙审批手续。不是所有的墙都可以拆，这涉及建筑结构的安全问题，事关重大。

一、阳台内墙承担阳台的重量

很多人认为阳台没什么用，希望把阳台的内墙敲掉，把阳台“并入”客厅中。其实这是不行的，阳台的内墙承担着阳台的部分重量。一般情况下，阳台会有一个门，这个门两侧连着的墙就是阳台内墙，它可能很短，看起来不太像墙。但不要因此而忽视它，不论它有多短，都很重要。

此外，还有两类墙是不能拆的：承重墙（有钢筋的墙）和剪力墙。前者以承受垂直荷载为主，后者以承受水平荷载为主。这两种墙一旦被拆，整个建筑都会有危险。

二、两种不能拆的墙

1. 承重墙

辨别承重墙有几种方法，最直观的是看图纸，施工图中黑色粗实线部分和圈梁结构中非承重梁下的墙体都是承重墙，这种判断方法是最准确的。此外也可以看厚度，承重墙的厚度一般是 24 厘米左右，非承重墙的厚度一般是 12 厘米以下。但也不绝对，寒冷地区的外墙承重墙的厚度可以达到 37 厘米，而混凝土承重墙的厚度也可能是 20 厘米或 16 厘米。也可以听声音，敲击墙体时有清脆的大回音的是非承重墙，而承重墙则没太大的声音。外墙通常都是承重墙，和邻居共享的墙也是，非承重墙一般在卫生间、储藏间、厨房、过道等位置。

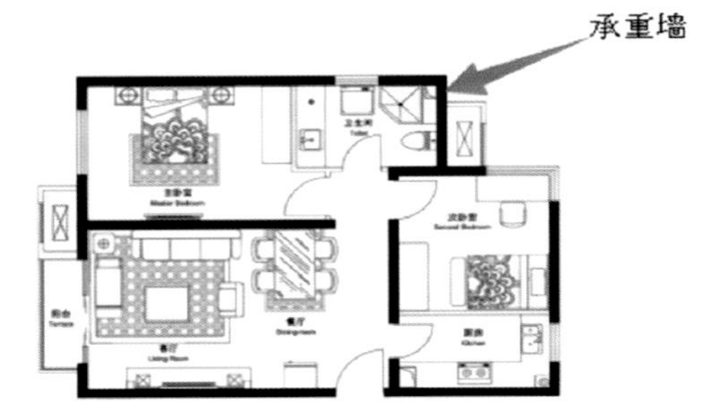

2. 剪力墙

房屋要承受风力、地震，就是承受有水平荷载的墙体，防止结构被“剪切”破坏，因此剪力墙也叫抗震墙、抗风墙。剪力墙的材料可以是钢筋混凝土，也可以是砖，也可以是木板，但以钢筋混凝土的最常见。它主要以厚度来判断，但各地区的厚度不一样的，这和防地震的烈度等因素有关。一般情况下，一、二级剪力墙的厚度应大于 16 厘米，三、四级剪力墙的厚度应大于 14 厘米。有边框时，剪力墙的厚度不应小于 12 厘米；无边框时，剪力墙的厚度不应小于 14 厘米。

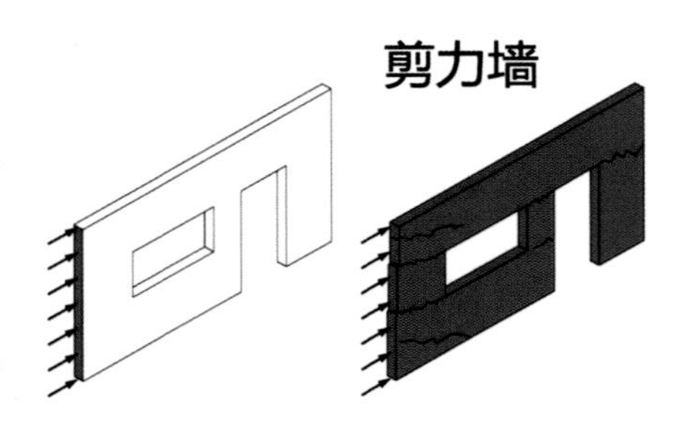

由于操作的不规范，有些墙是不薄不厚的 15、16、17、18 厘米，很难判断它是否能拆。如果搞不清楚，一定要请结构师来看，不能马虎。

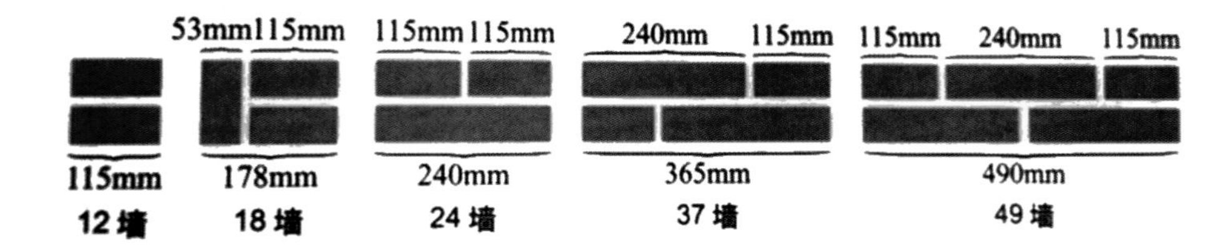

家装小知识

七种砖墙

名称	又称	厚度
1/4 砖墙	6 墙	约 6 厘米
半砖墙	12 墙	约 12 厘米
3/4 砖墙	18 墙	约 18 厘米
一砖墙	24 墙	约 24 厘米
一砖半墙	37 墙	约 37 厘米
二砖墙	49 墙	约 49 厘米
二砖半墙	62 墙	约 62 厘米

04 开放式与封闭式厨房的隔断选择

一、厨房隔断的基本功能

拥有一个精心设计、装修合理的厨房会让你变得轻松愉快起来。厨房装修首先要注重它的功能性。打造温馨舒适的厨房，一要视觉干净清爽；二要有舒适方便的操作中心；三要有情趣。对于现代家庭来说，厨房不仅是烹饪的地方，更是家人交流的空间，休闲的舞台，工艺画、绿植等装饰品开始走进厨房中，而早餐台、吧台等更成为打造休闲空间的好点子，做饭时可以交流一天的所见所闻，是晚餐前的一道风景。

二、厨房隔断的设计原则

一般开放式厨房是指非封闭式的厨房隔断，也就是厨房空间与餐厅合二为一或与客厅空间相邻而无任何挡住的空间。厨房隔断因为显得空间宽敞，造型好看，所以越来越多的人将厨房改造成了开放式厨房隔断。

在厨房内将烹饪区与操作区分隔开让厨房局部开放，也是阻隔油烟的方式之一。其实中式厨房并不适合做成开放式，因为中餐的烹饪方式必然产生很大油烟，开放式厨房虽然美观，但对于喜欢吃中餐的人来说的确不实用。因此不少设计师在面对这个问题时，基本都会给出一个最简单也是最实用的方式——把厨房全封起来。一般在装修时，很多人都会把厨房的一面墙打掉，做成厨房隔断。这样显得空间比较大，而且整体性很强。所以把厨房隔断再封起来听上去是一件比较滑稽也比较麻烦的事，它会破坏原来的整体感，而且从什么地方封也是需要考虑和设计的。如果没有设计感，随便封一下，虽然封住了油烟，也确实会影响外观。

除了全面“封锁”厨房之外，巧妙利用玻璃隔断制造半隔断效果，或者加大排油烟机的功率也都是不错的方式。

1. 玻璃墙既通透又隔烟

很多人既想厨房有开放的空间，又想能隔油烟，最好用玻璃墙来处理。这样既通透又能起到阻隔作用，还非常隔音，厨房里的噪声外面根本听不见。

做玻璃墙最重要的是找镶玻璃的框架，目前市场上有不锈钢的、木质的，价格差别比较大。如果是采用推拉门形式，还有固定滑轨、吊轨等多种选择，如果推拉门的五金件不好，时间长了推拉的器件容易损坏。用普通的合页门，只是依靠合页的咬合力量也禁不住时间的考验，可以考虑采用地簧，门无论向里还是向外，都可以开合自如。

提醒：玻璃墙的不足是不能像轻体墙一样在上面挂些东西，只能做隔断和装饰用，但在通透感上比轻体墙要好很多。但玻璃需要经常清理，否则油烟较大，时间长了积累在一起不好清洗。如果玻璃墙的面积过大，清洗起来会更加麻烦。

2. 局部开放适当遮挡

有人不想把厨房全部封闭起来，想做成半隔断的形式，其实厨房与其他区域的半隔断方式很多，有用吧台隔断，有用玻璃、不锈钢、帘子等各种材料进行隔断的。但这种半隔断的方式对于油烟并没有太大作用，油烟不会因为有部分隔断就被挡住。

如果把厨房做成局部开放，只有一个台大小的位置和餐厅相通的话，这样的油烟比较好处理，炒菜时可以用玻璃、帘子或者其他东西遮挡一下，等做饭完毕油烟排干净再把挡板拿开，也是一种方法。

提醒：对于半开放式的厨房，如果厨房是东南或西南向的，油烟味就容易吹回屋内。厨房向西，食物不易储藏，建议窗户使用百叶窗，冰箱不要靠着被阳光照射的墙壁。

种类	图示	特点	参考报价
波浪边复古砖		砖片边缘做波浪修边，富手工感。	110元/平方米

（续）

格状花砖		表面分割方块图案，每片花色皆不同，缤纷热闹	90 元 / 平方米
地中海风花砖		富有地中海风情，做转角砖使用	120 元 / 平方米
拼图复古砖		多片拼接图样	120 元 / 平方米
腰带花砖		多绲边，做局部装饰	55 元 / 片
角花复古砖		拼接处角花图案	110 元 / 平方米

（续）

格状花砖	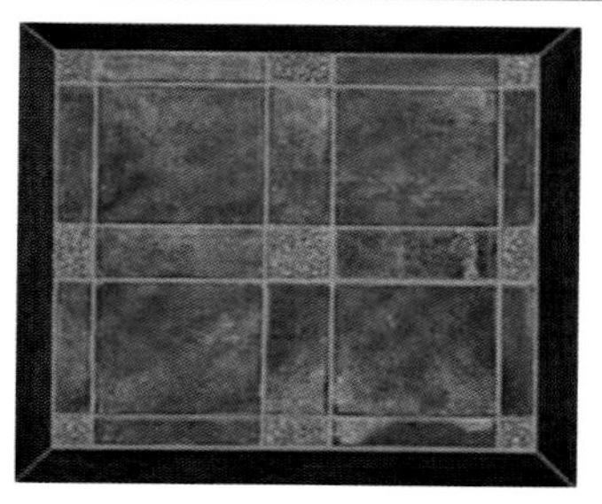	四片拼接，有框边效果	100 元 / 平方米
地中海风花砖		表面做仿红砖处理，拼接图案	100 元 / 平方米

05 卫生间隔断干湿如何隔断

卫生间干湿隔断是一种健康的选择，让我们远离湿气，在我们的装修资金允许的情况下，是选择做卫生间隔断还是安装整体淋浴房，总之，都能为您打造一个干爽舒适的卫生间空间。

一、干湿隔断的必要性

卫生间是一个潮湿的空间环境，潮湿的环境对我们的生活和健康都会产生不好的影响，卫生间过于潮湿也会产生一种不整洁的感觉，因为对于卫生间的干湿分区是较为明智的决定，将卫生间的干湿分区做好，能够有效地保持卫生间的整洁干爽，也能够为你带去一个更好的使用环境。

二、卫生间干湿分离三大解决方案

1. 小面积卫生间可以将干区设置在卫生间的外面

很多小户型装修业主觉得自己的小面积卫生间根本无法实现干湿分区，其实这是因为业主没有想到好的分区办法，我们并不一定要将干区和湿区都设置在卫生间里面，我们可以利用卫生间外面的空间来设置干区，当然这要选择合适的位置。一般来说，小户型装修业主可将洗面盆设置在外面，座便器和淋浴或浴缸设置在卫生间里面，这样就能轻松地实现干湿分区。

2. 在卫生间内设置浴室柜

多数业主非常头疼卫生间内那些化妆品和洗头、沐浴用品的摆放，这些用品摆放在卫生间内不仅会容易受潮，还容易使卫生间显得非常杂乱，给人感觉非常不整洁。为了避免这种现象的产生，装修业主们可在卫生间内安装浴室柜，将这些瓶瓶罐罐都放在其中，这样就可避免洗漱用品受潮现象的发生。

3. 在卫生间内装淋浴拉门或者浴帘

为了让卫生间保持干净整洁，装修业主们可将淋浴和浴缸设置在一处，然后在其外面安装淋浴门或者拉帘，淋浴门可以有效的阻挡洗澡时产生的蒸汽和水珠进入干区。浴帘的安装比较简单，也很省钱，但是它的阻挡效果比淋浴门要差些，它只能局部阻挡水珠进入干区，不能有效地防止蒸汽进入干区，因此有条件的装修业主最好还是选择淋浴门作为干湿分区的阻隔物。

三、卫生间隔断门用什么材质好

现在的门业市场百家争鸣，各种档次和工艺的门都有。对卫生间装修来说，门的防潮性和防变形性尤其重要，卫生间用什么门好呢？一般情况下卫生间的门因为用料的不同，可以分成以下三种。

1. 塑钢门

优点：使用放心，防水性强，价格便宜，几十块到两百块的都有。

缺点：不太美观，塑钢门的自身视觉效果档次比较低，很多小饭馆就用这种门，而且很容易变色、变形。

2. 铝合金门

优点：所有的铝合金门都有一个特点，就是防水性强，样式比较多，色彩比较丰富，抗变形的能力比较强。而且造价便宜，防污、防潮、耐锈。

缺点：铝合金门因为材料不一样，质感和室内其他门不一样，质量不稳定，美观度不是太好，而且档次不高。

3. 木质门

优点：木质门最大的优点是可以和室内其他门质感保持一致，档次高，从美观角度是最强的。

缺点：木质门的防水性和抗变形能力是比不上铝合金门的，而且造价高。而实木门的防水性还是比较强的。

如果对于装修风格要求不是很高，卫生间比较小，要求简约风格，卫生间门最好使用铝合金门。如果是对风格和配套的要求相对较高，一些或欧式或自然或仿古的门，还是要用木质的，只是门套线要用实木或木塑的。

一、防潮板

防潮板就是在基材的生产过程中加入一定比例的防潮粒子，又名三聚氰胺板，用多层特殊纤维材料，经适量酚醛树脂浸透，经高温高压制而成，适合潮湿环境，防潮板截面遇水膨胀的程度大大下降。由木纤维加特殊防潮剂，面饰三聚氰胺经高温高压一次性成型。所有机械性能、物理特性、表面特性均符合德国工业标准 DIN 要求，品质卓越，是卫浴隔断材料的最佳选择。

图示	参考报价
	150 元 / 平方米

二、PVC 板

PVC 板是以 PVC 为原料制成的截面为蜂巢状网眼结构的板材。是一种真空吸塑膜，用于各类面板的表层包装，所以又被称为装饰膜、附胶膜，应用于建材、包装、医药等诸多行业。

图示	参考报价
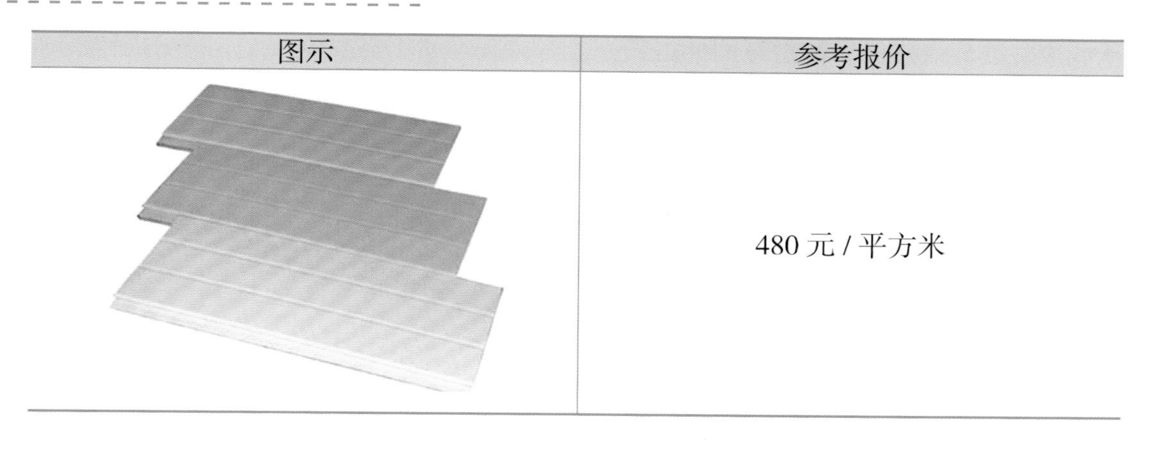	480元/平方米

三、钢化玻璃

钢化玻璃属于安全玻璃。钢化玻璃其实是一种预应力玻璃，为提高玻璃的强度，通常使用化学或物理的方法，在玻璃表面形成压应力，玻璃承受外力时首先抵消表层应力，从而提高了承载能力，增强玻璃自身抗风压性、寒暑性、冲击性等。平钢化、弯钢化玻璃属于安全玻璃。广泛应用于高层建筑门窗、玻璃幕墙、室内隔断玻璃、采光顶棚、观光电梯通道、家具、玻璃护栏等。

图示	参考报价
	180 ~ 260元/平方米

四、金属材料

比如说金属材料的卫生间隔断，这类材料的卫生间隔断除了能防水外还有其他诸多优点。如质轻、节能、易于安装、维护及可回收性强；强度高、刚度好、不易变形、

承载大，即使受到外界的力量的冲击，亦能保持其形状不易发生改变。良好的隔音、保温、隔热、防潮、防火效果、无毒、环保等诸多优点。

图示	参考报价
	150 元 / 平方米

06 提升脸面的玄关隔断

玄关源于中国，是中国道教修炼的特有名词，最早出自道德经的：玄之又玄，众妙之门。指道教内炼中的一个突破关口，道教内炼首先突破方能进入正式，后来用在室内建筑名称上，意指通过此过道才算进入正室，玄关之意由此而来。现在泛指厅堂的外门,也就是居室入口的一个区域。专指住宅室内与室外之间的一个过渡空间，也就是进入室内换鞋、更衣或从室内去室外的缓冲空间，也有人把它叫作斗室、过厅、门厅。在住宅中玄关虽然面积不大,但使用频率较高，是进出住宅的必经之处。玄关是反映主人文化气质的“脸面”，是给客人第一印象的关键所在，因此玄关必须精心设计。

一、设置玄关隔断的目的

1. 私密性

玄关的设置是为了保持主人的私密性。避免客人一进门就对整个居室一览无余，也就是在进门处用木质或玻璃作隔断，划出一块区域，在视觉上遮挡一下。

2. 起装饰作用

玄关是为了起装饰作用。进门第一眼看到的就是玄关，这是客人从繁杂的外界进入这个家庭的最初感觉。

3. 方便脱衣换鞋挂帽

玄关是方便客人脱衣换鞋挂帽。最好把鞋柜、衣帽架、大衣镜等设置在玄关内，鞋柜可做成隐蔽式，衣帽架和大衣镜的造型应美观大方，和整个玄关风格协调。玄关的装饰应与整套住宅装饰风格协调，起到承上启下的作用。

4. 保温

玄关在北方地区可形成一个温差保护区，避免冬天寒风在开门时和平时通过缝隙直接入室。玄关在室内还可起到非常好的美化装饰作用。

二、玄关隔断的设计形式

玄关可以通过二次装修做出来，设计合理、装修精良的玄关不仅是展示主人生活品位的窗口，同时也具有实用功能。因此设计师的匠心独运也往往体现在这细微之处。其设计形式多种多样。

1. 低柜隔断式

低柜隔断即以低形矮台来限定空间。以低柜式成型家具的形式做隔断体，既可储放物品，又起到划分空间的功能。

2. 玻璃通透式

玻璃通透式隔断是以大屏玻璃作装饰遮隔，或在夹板贴面旁嵌饰喷砂玻璃、压花玻璃等通透的材料，既可以分隔大空间，又能保持整体空间的完整性。

3. 格栅围屏式

格栅围屏主要是以带有不同花格图案的透空木格栅屏作隔断，既有古朴雅致的风韵，又能产生通透与隐隔的互补作用。

4. 半敞半蔽式

半敞半蔽式是以隔断下部为完全遮蔽式设计。隔断两侧隐蔽无法通透，上端敞开，贯通彼此相连的天花顶棚。半敞半隐式的隔断墙高度大多为 1.5 米，通过线条的凹凸变化、墙面挂置壁饰或采用浮雕等装饰物的布置，从而达到浓厚的艺术效果。

5. 柜架式

柜架式隔断就是半柜半架式。柜架的形式采用上部为通透格架作装饰，下部为柜体；或以左右对称形式设置柜件，中部通透等形式；或用不规则手段，虚、实、散互相融和，以镜面、挑空和贯通等多种艺术形式进行综合设计，以达到美化与实用并举的目的。

三、玄关隔断的设计理念

玄关通常与客厅或餐厅相连，但与厅的功能有区别，所以要通过装饰设计进行功能分区。通常采用的方法主要是用吊顶、墙面装饰、地面的材料和色彩等区分或用门套、挂落、屏风、柜子等隔断。玄关可以是一个封闭、半封闭或全开放的空间，与厅的关系是连而不直达、隔而不断。

过去，人们装修玄关隔断较常用的手法有挂画、装鱼缸、利用隐藏式鞋柜柜门、屏风、照片等装饰。无论是造型样式、色彩用材都要有创意，才可能显示气质和风格。不同风格所用的装饰手法都不同，针对不同的风格都要有相应的装饰元素。比如现代欧式的，可以通过欧式的壁灯、壁炉，或水晶灯等元素的搭配来实现。中式风格则可以通过窗花、中式花格、家具等元素的搭配来体现。

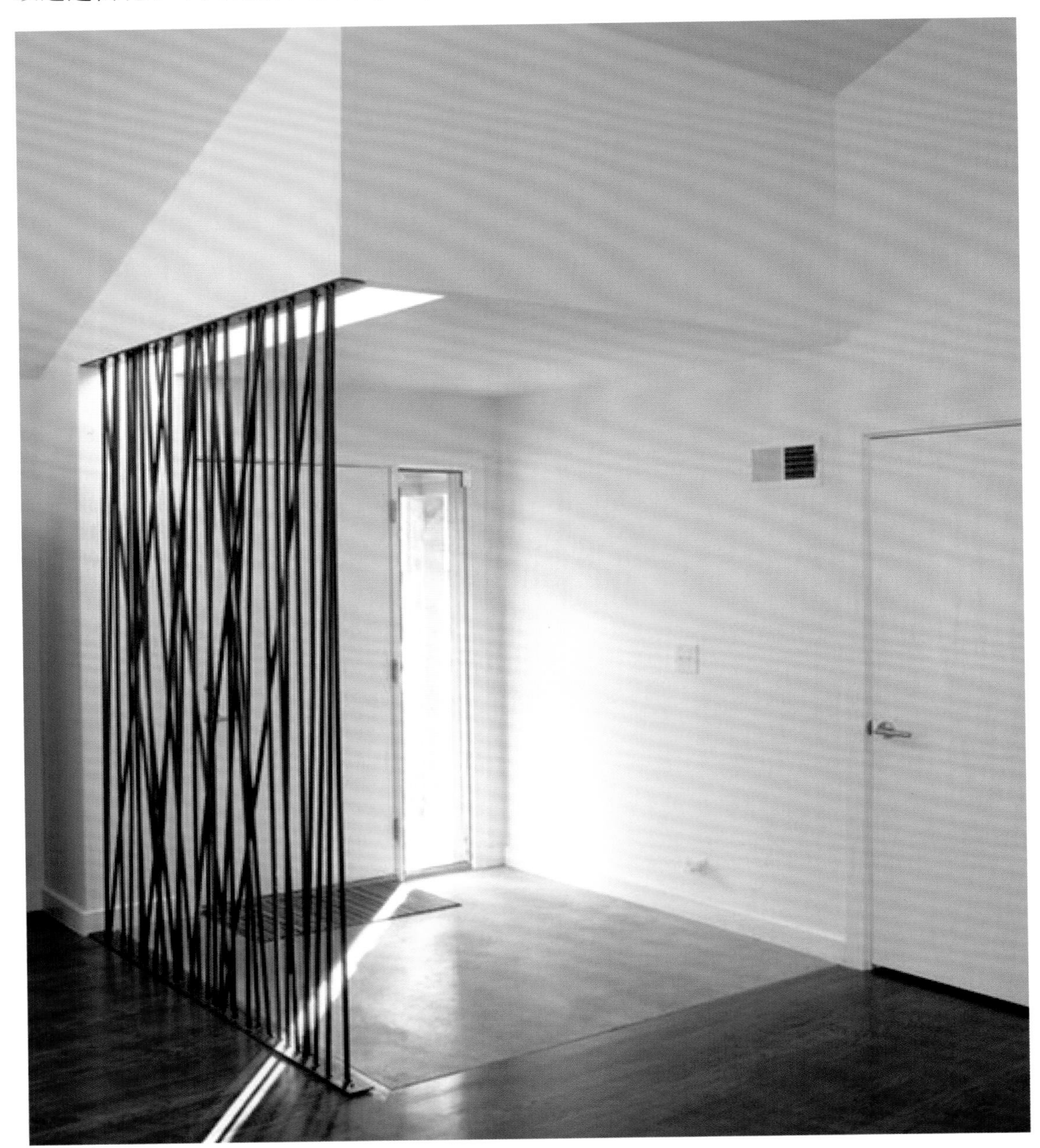

玄关隔断设计的重点往往在它的“主看面”，即开门入室第一眼看到的地方。设计师通常会在这里下功夫造出个性化，或简朴，或豪华，体现文化内涵，烘托艺术氛围。

玄关隔断的实用功能不少，比如家里人回来，可以随手放下雨伞、换鞋、搁包。平时，玄关也是接收邮件、简单会客的场所。目前比较常用的做法是在实现上述功能的基础上，将衣橱、鞋柜与墙融为一体，巧妙地将其隐藏，外观上则与整体风格协调一致，与相邻的客厅或厨房的装饰融为一体。

玄关隔断可以起到遮挡的作用。大门一开，有玄关阻隔，外人对室内就不能一览无余。玄关设计要充分考虑与整体空间的呼应关系，使玄关区域与会客区域有很好的结合性和过渡性。 玄关的设计视每个家庭实际面积和需求而定，并不是每个家庭都要做一个完整的玄关区域，若空间不够，就在入门处放一张柔软的垫子、摆一张换鞋的凳子也能起到玄关的作用。

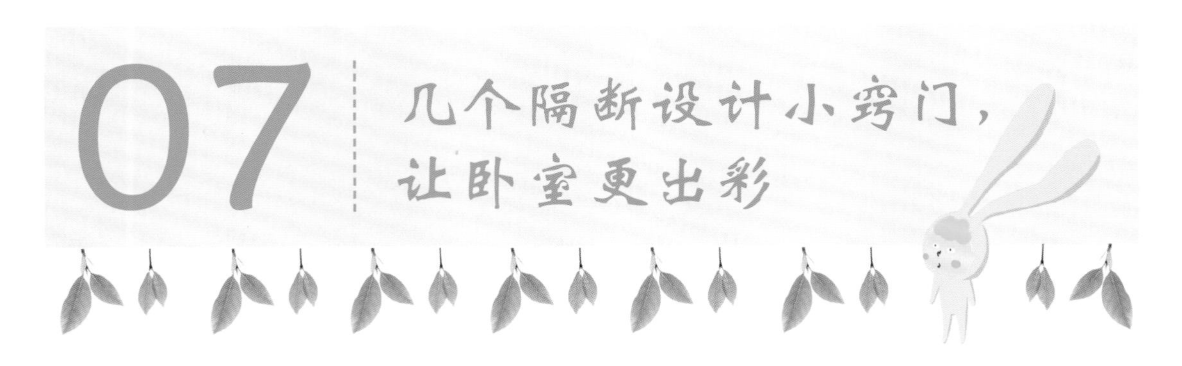

07 几个隔断设计小窍门，让卧室更出彩

卧室的功能比较复杂。一方面，它必须满足休息和睡眠的基本要求；另一方面，合乎休闲、工作、梳妆和卫生保健等综合需求。卧室的设计必须在隐蔽、恬静、便利、舒适和健康的基础上，寻求优美的格调与温馨的气氛。更重要的是，应当充分表露使用者的个性特点，使其生活能在愉快的环境中获得身心的满足。

一、卧室设计的原则

1. 要保证私密性

私密性是卧室最重要的属性，它不仅是供人休息的场所，还是夫妻情爱交流的地方，是家中最温馨与浪漫的空间。卧室要安静，隔音要好，可采用吸音性好的装饰材料；门上尽量采用不透明的材料进行封闭。

2. 使用要方便

卧室里一般要放置大量的衣物和被褥，因此装修时一定要考虑储物空间，不仅要大而且要使用方便。床头两侧最好有床头柜，用来放置台灯、闹钟等随手可以触到的东西。有的卧室功能较多，还应考虑到梳妆台与书桌的位置安排。

3. 装修风格应简洁

卧室的功能主要是睡眠休息，属私人空间，不向客人开放，所以卧室装修不必有过多的造型，通常也不需吊顶，墙壁的处理越简洁越好，通常刷乳胶漆即可，床头上的墙壁可适当做点造型和点缀。卧室的壁饰不宜过多，还应与墙壁材料和家具搭配得当。卧室的风格与情调主要不是由墙、地、顶等硬装修来决定的，而是由窗帘、床罩、衣橱等软装饰决定的，它们面积很大，它们的图案、色彩往往主宰了卧室的格调，成为卧室的主旋律。

4. 色调、图案应和谐

卧室的色调由两大方面构成，装修时墙面、地面、顶面本身都有各自的颜色，面积很大；后期配饰中窗帘、床罩等也有各自的色彩，并且面积也很大。这两者的色调搭配要和谐，要确定出一个主色调，比如墙上贴了色彩鲜丽的壁纸，那么窗帘的颜色就要淡雅一些，否则房间的颜色就太浓了，会显得过于拥挤；若墙壁是白色的，窗帘等的颜色就可以浓一些。窗帘和床罩等布艺饰物的色彩和图案最好能统一起来，以免房间的色彩、图案过于繁杂，给人凌乱的感觉。另外，面积较小的卧室，装饰材料应选偏暖色调、浅淡的小花图案。老年人的卧室宜选用偏蓝、偏绿的冷色系，图案花纹也应细巧雅致；儿童房的颜色宜新奇、鲜艳一些，花纹图案也应活泼一点；年轻人的卧室则应选择新颖别致、富有欢快、轻松感的图案。如房间偏暗、光线不足，最好选用浅暖色调。

5. 灯光照明要讲究

尽量不要使用装饰性太强的悬顶式吊灯，它不但会使你的房间产生许多阴暗的角落，也会在头顶形成太多的光线，躺在床上向上看时灯光还会刺眼。最好采用向上打光的灯，既可以使房顶显得高远，又可以使光线柔和，不直射眼睛。除主要灯源外，还应设台灯或壁灯，以备起夜或睡前看书用。另外，角落里设计几盏射灯，以便用不同颜色的灯泡来调节房间的色调，如黄色的灯光就会给卧室增添不少浪漫的情调。

二、卧室隔断设计小窍门

1. 卧室隔断的形象塑造

因为卧室隔断一般不承重，所以造型的自由度很大，可以按照自己卧室的大小而定，但是应该注意高矮、长短和虚实等的变化统一。

2. 卧室隔断要注意颜色的搭配

隔断也是卧室的一部分，不管颜色风格等都要与整个卧室的装修风格形成呼应，互相搭配。

3. 卧室隔断的材料选择加工

卧室隔断是一种非功能性构建，所以材料的装饰效果要放在首位，不管是实木，板材，还是石膏等材料，都要经过精心挑选和加工，从而实现良好形象塑造和美妙的颜色搭配。

4. 可以运用组合家具来作为隔断

这也是现在比较流行的一种做法，在一个较小的卧室空间里，把衣柜与书桌组合起来作为隔断来使用，既方便又实用，是一种非常流行的设计方案。

5. 可以打掉部分非承重墙来作为柜子隔断

这也是一种流行于小空间的卧室所使用的方法，这样的好处是将那些没用的墙面给处理掉，就可以把原来墙面的地方做成柜子，用来节省空间。

卧室隔断虽然比客厅隔断要稍微简单些，但是也要注意它的设计技巧与运用。卧室是一个具有隐私性的场所，如果考虑到这点，可以在隔断中使用一层隔音板材料，这样就不会有这一方面的忧虑了。

第四章

隔断施工过程中的常见问题

01 在现有格局中砌新墙

一、砌墙，切不可着急

1. 砌墙的红砖一定要先泡湿。因为砖内有很多缝隙，如果不先充分吸水，铺上水泥后会吸收水泥中的水分，造成水泥开裂。实际操作中，有的工人也给红砖泡过水，但没立刻用。半天后用的时候，红砖已经干了。此时如果不重新泡水，水泥仍会开裂。

2. 墙不能一天就砌完，每天只能砌 1.2 米。就算是为了赶时间，最多也只能砌到 1.5 米。但不论如何赶，也不能在一天内把墙从地面砌到天花板。因为墙的重量很大，一次砌得太高，下面的部分容易被压歪。

3. 用红砖砌好墙之后，一定要等墙完全干透才能刮腻子、上漆。否则，砖墙内的水汽会被封在里面，日后会慢慢散发出来，造成水泥开裂。一般情况下，红砖砌好后要等 3 个星期以上才可以进行后面的工序。但现在的工人大都很忙，可能不愿意等那么长时间。尤其是按照工程量计算工资，而不是按工作日计算工资时，砌好一面墙的工资是固定的，工人当然更想尽早做完走人。另外，很多业主也着急。如果实在着急，在天气晴朗的情况下也要等两个星期。

二、砌墙过程

1. 新砌墙体与老墙交接处需要开槽嵌套。

2. 槽口宽度与墙体宽度要相宜。

3. 开槽嵌套，刚好容下一块砖的宽度。

4. 新墙与老墙的交接处还需要打孔植入钢筋增加牢固度。

5. 打孔。

6. 墙体植筋高度，每层 50 厘米左右。

7. 植入的钢筋长度不低于 40 厘米。

8. 砌墙师傅带线堆砌，确保新砌的墙体垂直平整。

9. 新砖砌墙前应洒水浸润，避免因为砖吸水太快而影响粘结牢固度。

10. 高度间隔 50 厘米左右继续打孔植入钢筋。

11. 钢筋直径 6 ～ 8 毫米即可，钢筋钩头做弯可增加拉力。

12. 对于大跨度到顶墙体，建议在不大于 120 厘米高度时，应停止作业，适当预留砂浆凝固时间后，再继续作业。

三、一定要用水平仪

想要将墙砌的很直，要用水平仪去测量基准线，这是比较费时间的。有的工人可能会说自己经验丰富，目测也能测得很直，不需要用机器。其实这是一种不负责的态度，人的眼睛是有极限的，很多事不能完全相信眼睛。

不过，就算用水平仪去测量，还是会有工人把墙砌歪。墙砌歪了以后，业主自己验收时一般是看不出来的，但后面的工程中会体会到歪墙的麻烦。比如：门可能会安装不上去，或出现很大的门缝；放家具时，会因为墙不平而导致家具边缘不能与墙面平行等情况。

砌砖墙非常耗费时间（要等时间干透），现在很多人选择轻体墙作为隔断墙。轻体墙的价格低、重量轻，施工快，一面墙一个上午就可以做完。

一、砖墙的代替品：轻体墙

轻体墙一般是用轻钢龙骨作为支架，两侧贴石膏板，中间塞入保温板或隔音棉，最后刮腻子、上漆，也可以贴墙纸。墙体厚度一般是 10 厘米。施工过程如下。

1. 先在地面和墙面上用射钉枪固定“天地龙骨”。

2. 在垂直方向固定“竖向龙骨”，然后在其中穿插“穿心龙骨”。

3. 在一侧墙面固定石膏板。

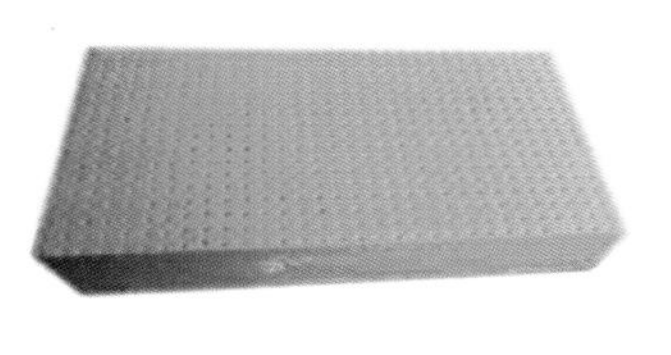

4. 如果想提高隔音效果，可以在轻钢龙骨中间塞入保温板（或隔音棉）。隔音棉的纤维非常细，吸到肚子里会有害健康，所以墙面一定要封好。

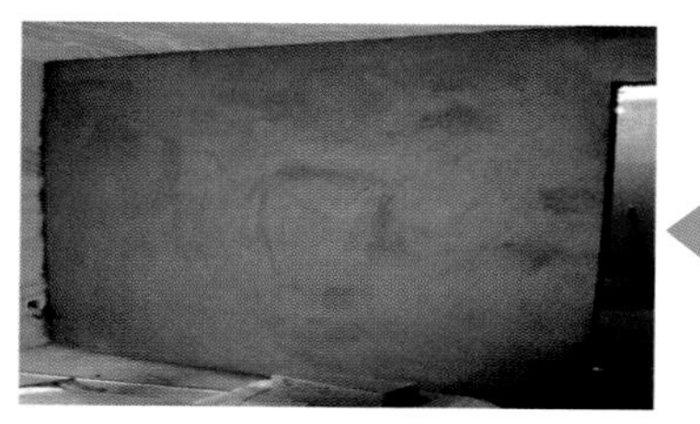

5. 在另一侧墙面固定石膏板。然后刮腻子、上漆。

二、轻体墙的承重能力很低

轻体墙的缺点很明显：隔音效果、牢固程度、承重能力都很差。业内对轻体墙可承受重量并无定论，一般情况下，重量超过一只手托举的物品最好不要挂在轻体墙上。如果要在墙上挂壁灯或画作等，应该在石膏板下方再加上一块大芯板或胶合板，这样才能有支撑力。

1. 挂大幅油画

要用穿心螺丝加钢带固定。如果悬挂木制对联、匾额，要提前在墙内埋设挂镜线，以保证承重能力。无论怎样加固，轻体墙上的搁物板都只能承受较小的重量，仅限于摆放较轻的工艺品，以免脱落。

2. 挂电视

轻体墙虽然可以隐藏插座电线，但电视最好是挂在承重墙上。如果非要选择轻体墙，也可以将轻体打开，在局部墙体内灌注水泥砂浆，或加入木板作为支撑。

3. 挂热水器

挂热水器一定要选择承重墙。因为热水器尤其是电热水器的重量极大，即使承重墙也可能无法承受。有些人会在楼板上打孔，用吊件将热水器挂在楼板上。但打孔可能破坏楼上房屋的防水。

三、轻钢龙骨和木龙骨

龙骨是轻体墙的主体结构。根据材料，龙骨主要有：轻钢龙骨、木龙骨。

1. 木龙骨

木龙骨已经被用了几千年，它容易施工，握钉力强，但木材的缺点也很明显：不防潮，容易变形，不防火，可能生虫发霉等。而轻钢龙骨则完全没有这些问题。不过，轻钢龙骨的价格一般会比木龙骨贵一倍。质量较好的轻钢龙骨是 20 元左右一根，而木龙骨是 10 元左右一根。

2. 轻钢龙骨

轻钢龙骨是最常用的龙骨，主要有三种：天地龙骨、主龙骨、副龙骨。天地龙骨主要用在隔断墙中；主龙骨、副龙骨主要用在天花板中。主龙骨是承载天花板重量的龙骨；副龙骨又称次龙骨，受力在主龙骨上。

03 隔断墙刮腻子施工要点

一、墙面平整度的两种标准

要检查原墙面的平整度，方法有两种：

1. 顺平

肉眼看不出墙表面的不平整处就算合格。但如果拿靠尺、垂线去检查墙面，可能会看出不平整。

靠尺　　　　吊线锤

2. 垂平

无论用靠尺还是垂线去检测，墙面都平整才算合格。一般是用 2 米长的铝靠尺进行垂直、水平检验，每平方米误差在 3 毫米以内可忽略；在 3 ～ 5 毫米的要用腻子找平；5 ～ 10 毫米的要用白水泥加胶找平；超过 10 毫米的要在墙面凿毛后用水泥找平。如果原墙面是水泥拉毛，也要先用水泥找平。

二、墙面基层的处理步骤

检查完平整度后，就可以开始下面的工作了。

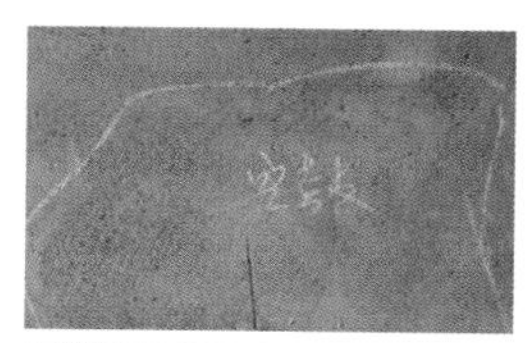

第 1 步：检查原墙面水泥层是否有空鼓，如果有就要全部敲下来重抹，以防日后剥落。如果原墙面有裂缝，一定要仔细修补，可在原缝处深挖 1 厘米重补水泥，干后贴纸带，然后再刮腻子。

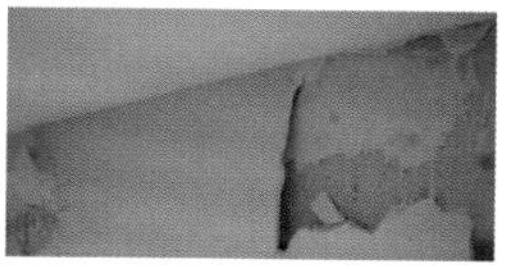

第 2 步：如果原墙面有腻子层，建议铲掉重刮，俗称“铲墙皮”。但如果原腻子是防水腻子，可以不铲。用砂纸打磨平整后直接刷漆，也可用砂纸打磨一遍后刷一遍胶，再刮 1 ～ 2 层腻子。

三、刮腻子、刷漆的标准做法

高质量墙面工程有几个指标：平整、牢固、环保、不掉皮开裂、不粉化脱落。想达到这样的目的，要严格按照步骤施工：铲墙皮→涂界面剂→石膏找平→刮耐水腻子两至三遍并找平→压光打磨→上底漆→上面漆 。

刮腻子的步骤：

1. 将墙面的粉尘清理干净，在局部刮腻子、磨平，板缝作石膏涨缝处理。

2. 腻子或石膏干后，贴纸带，然后刮第一遍腻子。这次刮的腻子最厚，也最重要，后两次则主要是为了找平。注意腻子要完全干后再刮一次了，否则日后容易脱落或霉变。

3. 第一遍腻子干后，刮第二遍腻子。

4. 第二遍腻子干后，检查并补腻子，这次很关键，要平整，不要太厚。

5. 第三遍腻子干后，将墙面打磨平整，涂底漆。打磨墙面的步骤一定不能少，但因为这样会制作出很多灰尘，工人一般不愿意干。可以给工人买个口罩，工人的心情是施工质量的决定因素。

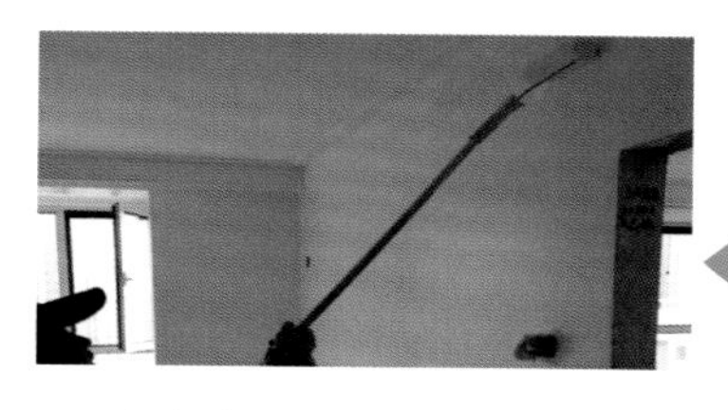

6. 底漆一般两小时就能干，而后要刷面漆，面漆要刷两遍或三遍，每遍都要等上一遍干透后才能刷。

以上施工必须在天气晴朗、通风的情况下进行，阴雨天一定不要刷。按以上步骤做出来的墙面是最标准的，一般不会开裂、掉皮。

四、“三分面、七分底”，腻子很重要

装修行业中有一句话：“三分面、七分底”，这里的“底”就是指腻子，可见它的重要性。腻子质量的好坏，用肉眼很难分辨，只有使用后才知道。用水和好腻子后，黏性大、细腻的为好腻子；反之，发散、有针孔的则是质量差的腻子。所谓“发散”，就是用灰刀铲一些和好的腻子，将刀反过来，如果很快就掉下来，说明黏性小。腻子干燥后，如果手摸不掉白、指甲不能划花、水刷不掉，说明是好腻子。

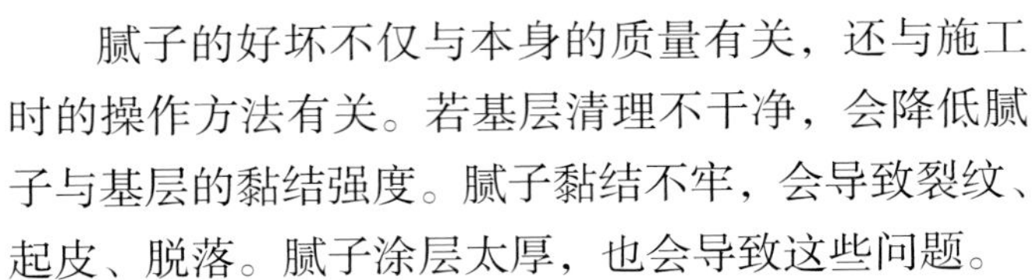

腻子的好坏不仅与本身的质量有关，还与施工时的操作方法有关。若基层清理不干净，会降低腻子与基层的黏结强度。腻子黏结不牢，会导致裂纹、起皮、脱落。腻子涂层太厚，也会导致这些问题。

刮腻子时，空气不能太潮湿。如果腻子不能及时干透，会留有隐患。腻子干透后要检查，方法是：在已经干燥的腻子上淋点水，然后看腻子是否软化或粉碎，如果没有太大变化，说明品质较好。

作用	详解
防潮	墙面腻子是乳胶漆的基层，隔绝墙面与乳胶漆的直接接触，防止墙面受潮而引起乳胶漆脱落。

（续）

结实	腻子能强力地附着在墙面上，并承载乳胶漆。要判断腻子是否结实，可以看其成分，包括石膏粉、化学胶、干老粉。
找平	用腻子可对墙面进行找平，填充凹陷部分，覆盖凸出部分。

04 怎样贴好隔断墙瓷砖

瓷砖用量的计算方法很简单：算出墙面和地面的面积，扣除门窗的面积，再加上5%的损耗。如果只知道墙面的长宽，商家也会帮你计算。

一、瓷砖最好多买些

1. 瓷砖是很容易损耗的。不过，对于有零星残缺的瓷砖，可以让工人把它贴在看不见的位置，比如镜子、洗手盆、热水器等东西的后面。

2. 宁可多买，以后再退，也不要事到临头着急补货。补货基本都要自提，非常麻烦，而且那时也可能无货。

3. 多余的瓷砖最后可以退货，这一般都会在购买合同上注明。不过，损坏、沾有水泥等东西的瓷砖就不能退了。

二、如何挑选瓷砖

性能	挑选方法
吸水性	瓷砖吸水的速度越慢，质量越好。挑选方法是：在瓷砖背面倒水，然后看水渗入瓷砖的速度。吸水速度越慢，说明密度越高，稳定性越高，在潮湿的空间里不容易产生黑斑等问题。瓷砖的正面有釉，是不会渗水的
平整度	从侧面看瓷砖，如果平直、平整度高，铺的效果会更好。最严格的检验方法是从包装箱内拿出任意四块瓷砖，放在平坦的地面上。看看四块砖是否平坦一致，对角的地方是否嵌接。这很重要，国产砖与进口砖的最大差别就在于规格的一致性上
密度	瓷砖越沉重，说明密度越大、质量越好。但一般人难以比较两块砖到底哪个的密度大，因为砖的厚度、大小不一样。一般情况下，敲打瓷砖时的声音越清脆，说明密度越高
硬度	用硬币刮瓷砖的釉面，如果留下痕迹，说明硬度低
针孔	用肉眼看就可以看出瓷砖表面是否有针孔，有针孔会堆积脏物
防滑性	不防滑的瓷砖会让你倍受挫折。挑选方法是：先用鞋踩在瓷砖的正面反复搓，然后倒上水反复搓，如果感觉很滑，就不要买了

三、卫生间贴瓷砖

1. 铺贴瓷砖时，瓷砖与墙面的贴合度要大于自身产生的重力。因为瓷砖本身有许多小孔，吸水能力强，干燥的瓷砖会吸干水泥的水分，使其贴合度降低，铺贴后易出现空鼓和脱落。因此瓷砖必须浸泡 24 小时，至无水泡出现，然后晾干再铺贴。

2. 一些家庭铺贴瓷砖前，没有将腻子铲掉就开始铺砖了。结果水泥挂不住，瓷砖脱落。因此，在铺砖之前，把墙面的腻子铲掉，铺砖就很牢固安全了。

3. 瓷砖铺贴时，水泥砂浆的湿度要把握好，太干或太湿都会影响瓷砖与墙面的粘合度。水泥砂浆需要均匀饱满地涂抹在瓷砖背后，避免只涂抹四周。瓷砖贴墙后，需用橡皮锤敲实，同时要检查瓷砖涂抹情况，及时添加或减少水泥，这一工序需要反复进行，至瓷砖与墙面均匀贴合为止。

4. 由于刚铺贴的瓷砖，水泥未完全干固，容易受重力影响往下沉。因此，瓷砖贴上墙后，上下瓷砖之间必须预留一定的缝隙。如果保留的缝隙过小，热胀冷缩时容易将釉面挤裂，减少瓷砖使用寿命。

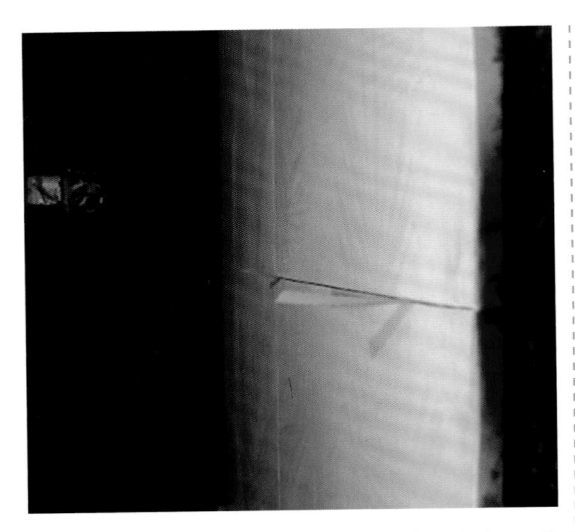

5. 瓷砖铺贴时，要在瓷砖干固后再进行填缝。如果瓷砖未完全干固就填缝，容易造成瓷砖松动，造成瓷砖脱落，留下隐患。

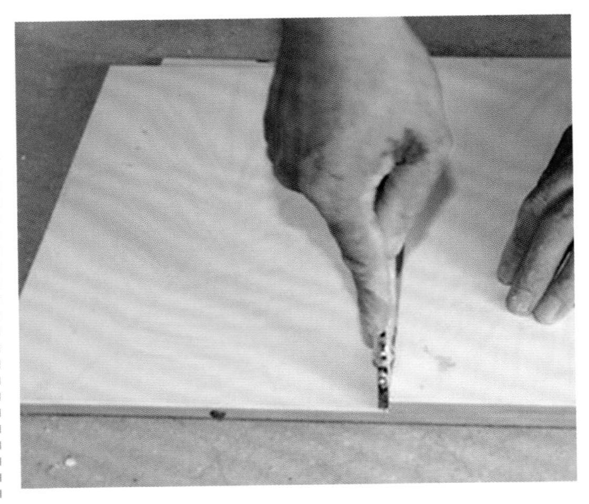

6. 铺贴非整砖时，首先测量空缺位置的尺寸，根据瓷砖数量与砖面的纹理来确定排砖方式，再对瓷砖进行切割。对于一些纹理不明显的瓷砖，如微粉砖，铺贴时要注意其方向性，以免搞得墙面杂乱无章。

7. 瓷砖铺贴 1 小时后，要用毛巾将砖面的水泥、填缝剂和其他污渍清理干净。切勿在事后再用钢丝球清洁，这样容易损坏砖面。

8. 铺贴瓷砖后，还会进行一些后续的工程，为避免在施工中划伤瓷砖，墙面铺贴完成后必须对铺贴好的瓷砖进行保护。可在墙体下方的瓷砖铺上包装箱，在移动卫浴用具和施工工具时，避免碰到砖面。

9. 铺贴完成 12 小时后，可用水平尺检查墙面的平整度与垂直度，并用橡皮锤敲击瓷砖，检查砖的空鼓情况，发现空鼓要立即返工。

05 瓷砖隔断墙的填缝问题

填缝剂的主要作用是防水。瓷砖缝隙如果不填缝，水流到瓷砖背面，一段时间后发现厨房有味道，因为瓷砖内部发霉了。

一、填缝的问题，主要出在施工的时间上

填缝剂与水泥类似，没水是不能凝固的。十多年前的房子一般都是用水泥填缝，瓷砖铺好一个月后，缝隙就会变黑。现在则基本都用填缝剂。瓷砖铺好后，填缝是一个很小的工作，但这个环节很容易出现问题。比如施工的时间不恰当。

填缝剂要等到瓷砖贴好后 48 小时才可以填，这期间要保持卫生间的空气干燥。如果遇到阴雨天，时间还要拉长。这是为了让瓷砖内的水汽顺着缝隙散出去、干透。如果没干透就上填缝剂，会将水汽封在里面，并导致瓷砖内部发霉。这会将填缝剂染成黄色或黑色。

现在的工人一般不会等 48 小时，常常是一天之后就填缝。如果天气晴朗，24 小时后填缝也可以。但低于 24 小时，比如上午贴完瓷砖，下午就填缝，基本都会出问题。

二、填缝材料

1. 白水泥

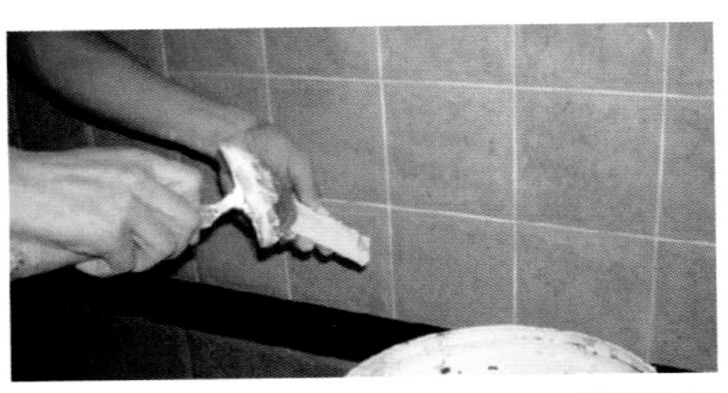

白水泥分为普通白水泥与装饰性白水泥。装饰性白水泥主要用来填充瓷砖缝隙，它的白度低，粘贴强度低，粉化现象严重，砖缝易发黄变脏，在潮湿环境里是霉菌滋生地，直接填较宽的砖缝会产生大量裂缝。唯一的优势是价格低。

2. 填缝剂

表层强度、白度都高于白水泥。防霉、黏结度高，清洗方便。彩色的填缝剂都暗淡无光泽，配合仿古砖填缝的效果略好，但施工时易污染瓷砖表面，清洗较麻烦，所以很多人用白色填缝剂。但白色的填缝剂使用后与白水泥一样，砖缝很易变脏，所以也有人用黑色填缝剂。

3. 美缝剂

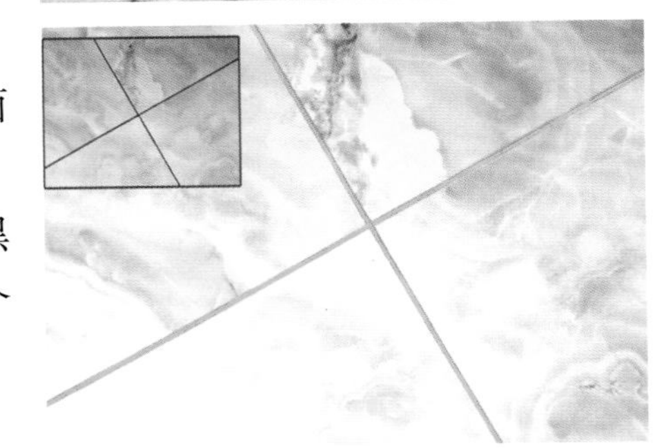

贴完瓷砖后，不要急着用填缝剂。如果后面有刷墙等较脏的工作，很容易将填好的缝弄脏。即使注意保护，使用一段时间后缝隙处也会变黑发黄，即使是进口的填缝剂也一样。要解决这个问题，可用美缝剂。美缝剂涂在填缝剂的表面，起到保护填缝剂的作用。

三、填缝剂的施工步骤

基面（砖面和缝隙）预先清洁，去除所有碎屑和水分。

混合时，先加水于干净容器内，然后慢慢加粉剂于水中，同时不断搅拌。混合比为：2 公斤粉剂加入600-700 毫升清水。

用填缝海绵刮板或橡皮灰刀将混合好的填缝剂嵌入缝中，确保缝内密实、饱满。

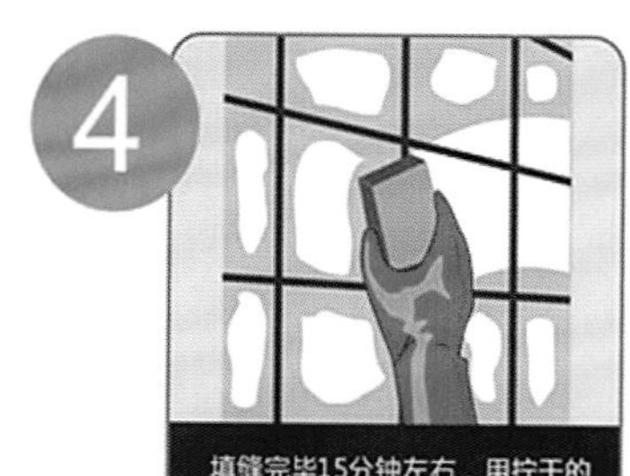

填缝完毕15分钟左右，用拧干的湿海绵清洗瓷砖表面，再过24小时后，用干净湿抹布将瓷砖表面清理干净。

施工后确保24小时内环境通风，已施工填缝剂不受污染（如粉尘、木屑、明水等）。

四、美缝剂的两种施工方法

方法一

1. 清理缝隙，贴美纹纸。

使用清缝锥清理缝隙。

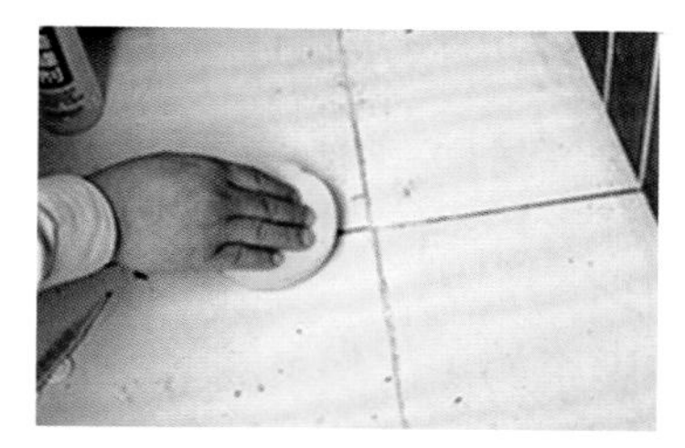

用海绵清理灰尘。

贴美纹纸，建议离缝隙一毫米左右。

2. 安装硅胶枪。

打开金装钻瓷美缝剂。

压住压板，拉出动力杆。

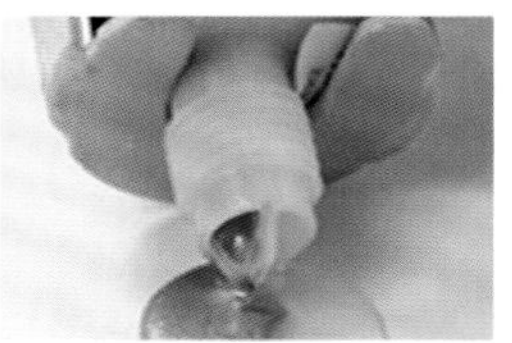
先打出料，让主颜料和固化剂同时打出后装上胶头。

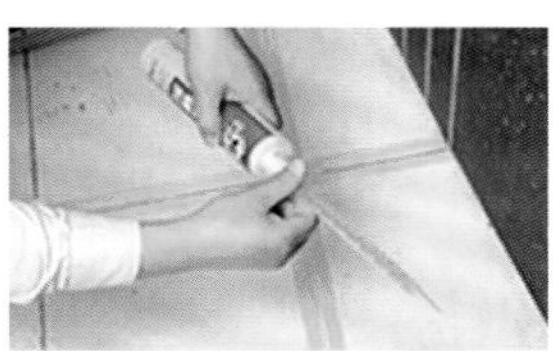
安装混合胶嘴。

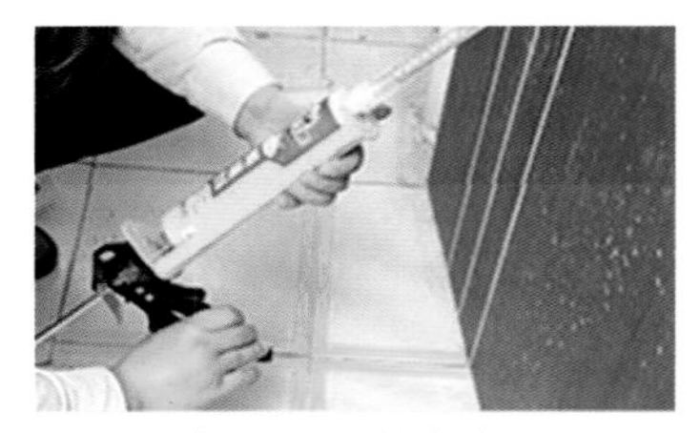
胶嘴朝上开始打胶。

了解瓷砖缝隙大小，了解需要切开多大缝隙。

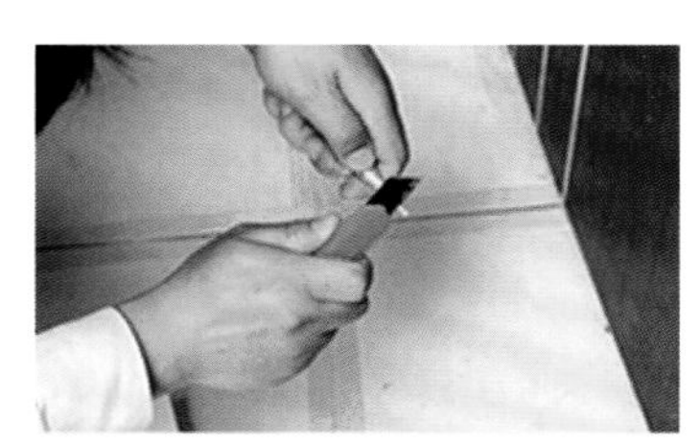
切开胶嘴（建议切开的比缝隙小点）。

3. 正式施工。（由于AB料需要充分混合，所以胶嘴混合的前大约40厘米不能使用）

刚开始前40cm不要使用。

开始施工。

均匀打胶，不要打得太急。

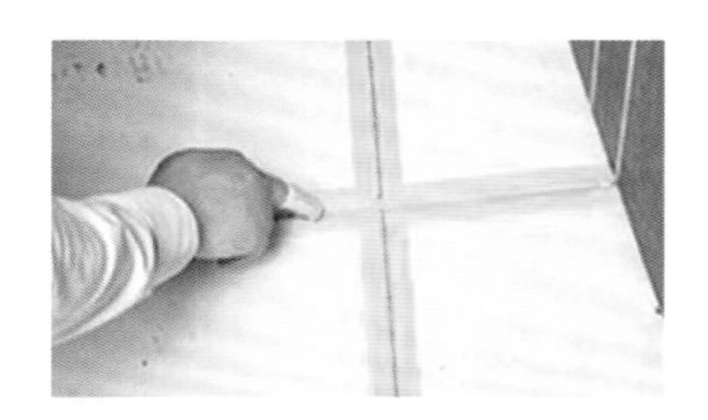
缝隙深的地方用指套。

缝隙浅的地方和阴角用压边球。

施工好了，立马撕掉美纹纸。

4. 完成。

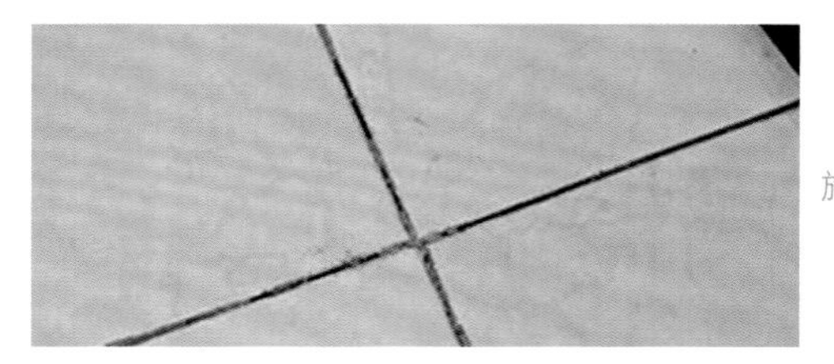
施工前

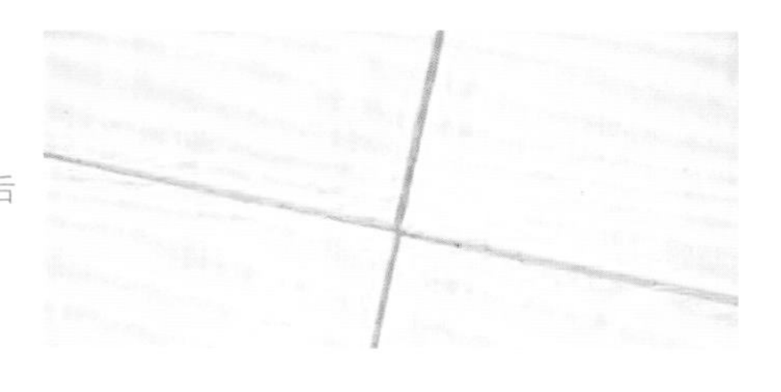
施工后

方法二

1. 首先确定您的瓷砖可以这样施工（建议大面积施工前进行小面积试用）。

不贴美纹纸直接施工。　压边球大球压一遍。　压边球小球压一遍。

2. 第二天可以直接将瓷砖面上的美缝剂清除。

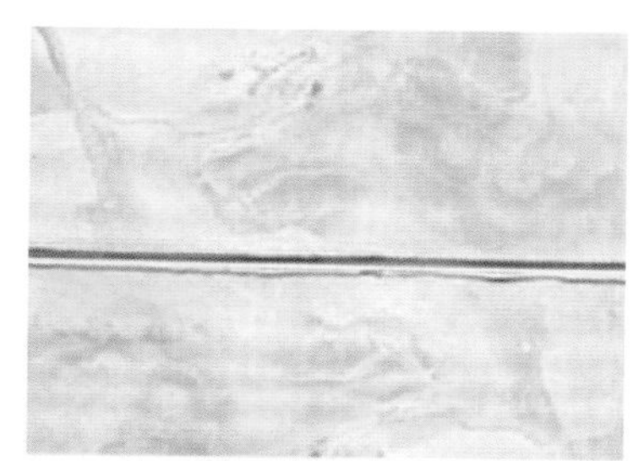

6～8 小时后。

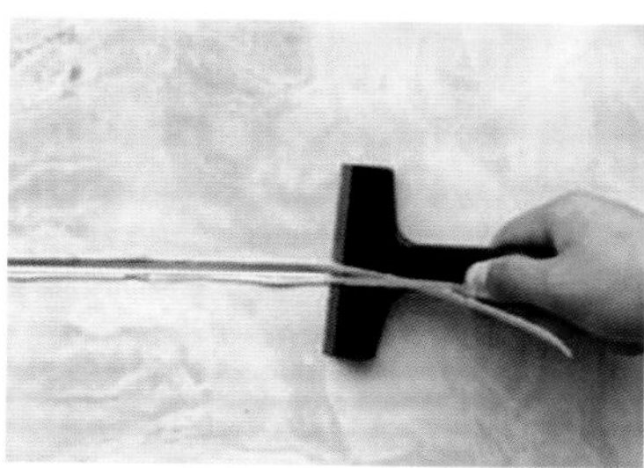

直接铲掉（铲刀更新为长柄）。

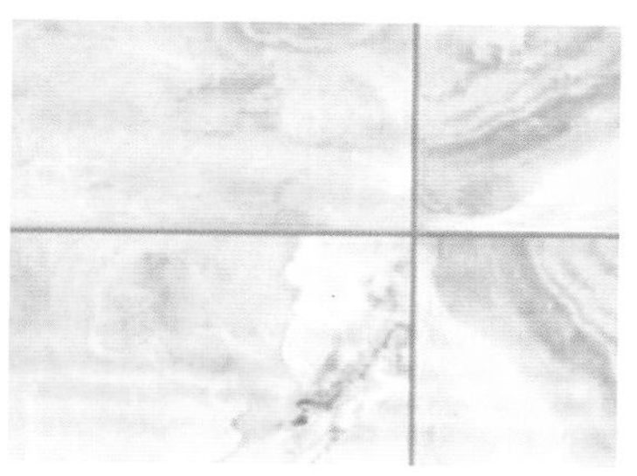

大功告成。

第五章

设计师为您图解隔断设计优秀案例

01 10个客厅隔断设计，打造一室二用魅力

如果户型面积太小时，做出太多的隔断墙就会显得非常拥挤，并且过多的墙体也会浪费不少空间，对于小户型来说，一点点空间都值得珍惜。上面这套案例采用的是简约的北欧风格，在一个单独空间里通过将各种功能空间巧妙地融合，特别是结合软装的搭配，实现了小空间大视野，整体温馨舒适。

开放性的空间使功能混淆，但是用坚硬的墙体来分割功能空间又总给人一种冷冰冰的感觉。用玻璃门搭配精致细节的门板既不会完全阻挡空间，又能将房间各个区域很好地区隔。

半遮半掩的隔断设计在一定程度上保证了空间的整体性，特别是面积比较小的房子要将一个空间分成两个功能区的时候就可以选择这种隔断方法。用一块半透明布帘隔开空间，半透明的软隔断让空间若隐若现，明确划分出空间的同时又能保证宽敞观感，且有不错的美感。这样的软隔断还可以随时收起，更为灵活。

书房是一个需要清净的地方，可是客厅如果有人看电视就显得太吵了，所以这个书房可以用一个柜子来作为隔断，柜子背面可以向着客厅，减少一些装饰，看上去就像一面墙，而书房那一面则可以将柜子做成书桌、电脑桌，太高的地方还可以放一些藏书、装饰品等。

这款简约素雅的客厅隔断装饰柜，它主要要体现的是一种轻松、自然、优雅的生活方式，纯白色的装饰柜柜面，搭配上用作点缀的镜面装饰，给整个客厅营造了一种优雅、静谧的氛围，一些现代化摆设，让这款客厅隔断装饰柜完美地诠释了什么是高雅的艺术生活。

这款客厅隔断装饰柜，主要是采用原木色板式材料拼合而成，潮流感十足，加上陈列柜的造型样式，让这款客厅隔断装饰柜体现无与伦比的现代质感，黑色的柜门设计，在颜色上制造了完美的冲突效果，十分的耐人品味。

这款客厅隔断装饰柜，看起来很像中式屏风，它把中国古代的屏风与现代的隔断柜完美地结合在一起，中式传统的镂空设计，加上现代化的柜体边角打磨，让这款现代化生活中的古典客厅隔断装饰柜毫无违和感地矗立在人们的眼前。

由于客厅空间不大，因此无法将会客区与就餐区进行明确的分割。最后选定了在两个功能区之间，以线帘的装饰手法，成就了一个另类的软性隔断。

矮墙隔断的应用，无疑让房间的整体布局变得十分灵活。视听区、餐厨区均可以灵活设计。这保留下的半部分墙面，在引进了阳光的同时也进行了一定的功能划分。

开放型的空间被家具分隔出不同的功能区域，沙发围合出的空间在保证了整体大空间的通透性的前提下，又有效地分割出了起居室的范围。规整的布局提高了空间的使用率，也让空间更为宽敞明亮。

02 全屋通风好采光，8个精致阳台隔断设计

简单而干净的空间架构，在河岸旁享受属于自己的幸福，是业主对于生活的浪漫想象。层次感的客厅设计配上玻璃隔断门，让阳台与客厅之间的界限更加的明确。

木质的阳台隔断门与阳台摆放的实木家具相搭配，营造了家居的温馨气氛，能大大提升家居生活的质量。

黑色边框的玻璃阳台隔断门与室内柔和的灯光相互映衬，使居室给人安静、甜美的感觉。

隔断门一打开，清晨的阳光投射进来，窗外的美景更是一览无余，居住其中的人，每一天都可以从美好的清晨开始。

格子形的隔断门与米黄色墙体、高品质的白色地板相互映衬，家居的典雅之气油然而生，让人心向往之。

半隔断的设计在让房主享受门外葱郁绿意的同时，还让整座居室通透明亮。这样的隔断门自然会成为很多业主的选择。

门状的隔断，别致清新，可以看出主人别样的装修品位。在现代的装修风格之中，加入中式的拱门，更加使得整个装修独具特色，也能令人有眼前一亮的观感。

阳台与客厅的入口设计成地中海式的拱门，轻松舒适，淡黄色墙面正好与客厅的整体颜色统一，搭配蓝色软装，增加独特的地中海气息。

03 巧扩功能区，12个实用厨房隔断设计

餐厅旁直立茶镜内暗藏玄机，通往厨房的推门就隐藏其中，关上后具有延伸空间景深效果，简洁中不失时尚美感。

厨房吧台隔断一方面能够成为空间的界定，另一方面也增加了厨房空间的收纳容量。而这样的设计也是很常见的一种。

客厅与厨房的隔断设计得十分巧妙。将客厅冷冽的黑，覆加在厨房纯粹轻柔的洁白里，充满想象的不规则切割法与规则的分割法，合而为一的创意设计。

实木台面设计的厨房中岛兼具餐桌的功能，有别于一般的设计，业主特别要求将热炒区设置在临窗区。而这样的设计同样也完成了客厅与厨房隔断的作用。

五

餐厅与厨房以图腾格栅作为场域的划分，并借由颜色、材质、光影所成就的立面，衍生出丰富的场域表情，而璀璨的水晶灯饰，更是空间中的一大亮点。

茶镜局部架高的吧台，穿透性区隔出餐、厨分野，也遮掩住了灶台的凌乱。

以半封闭的mini酒吧作为客厅与厨房的功能性隔断，既不影响厨房的开放性，又能把客厅与厨房区分开来，真是一举两得。为了充分利用墙面空间，厨房内还设置了壁柜。壁柜分两层，下层摆放杯具，上层则摆放瓶装的薏米和绿豆等，取拿物品十分方便。

以茶镜、黑镜、明镜交错穿插的厨房空间，中间用玻璃喷图制造穿透感，上下方的镜面处理，包裹住厨房内柜体，从外观看，只见镜面闪耀波光，质感满分。玻璃与镜面材质的完美利用，颠覆餐厅传统油腻印象，也让空间更加明亮整洁。

借由石材的主构与铁件的穿插，与镜面和玻璃材质的放大延伸，创造全室简练而静谧的五官感受，廊间依序排挂的艺术陈设、厨卫空间的屏风式透明拉门，无形间将家装做出展示的小小趣味。

同样是利用餐桌作为厨房与客厅隔断，但是厨房采用的是U形橱柜，让二者之间的关系更加密切，也将厨房与客厅之间的界限明确的区分开来。

采用玻璃拉门独立厨房空间，让油烟问题不再成为家庭生活的困扰。

抓住现代风格表现，每日皆需开火的厨房采以强化玻璃拉门为素材，亦能有效阻绝油烟散逸。

04 几平米里的百变姿态，9个卫浴间隔断设计

五

玻璃门隔断充当淋浴间与卫生间的隔断，形成干湿分离的效果，让卫浴变得更加的健康安全。

酒红色色调，彰显了东南亚古典的美感，又体现了对生活充满活力的追求，卫生间的整面墙都是红色铺成的，白色洗手台面将整个空间彰显了明亮的感觉，卫生间与卫浴是用了白色透明玻璃隔开的，整幅设计图彰显了东南亚的风格，完美的设计使主人对生活更加热爱。

卫浴柜与台盆区域采用悬挂式设计，直接与隔断成为一体。

整个设计营造了一种舒适温馨的环境，体现了地中海风格，追求一种自由的环境。中间的隔断墙设计，不仅分隔了干湿区，而且使空间格局更加立体。

设计师采用了干湿分离的卫生间做法，在狭长的过道中，把卫生间干区，也就是台盆的区域从卫生间内划分出去。无形当中增加了过道的空间，墙面的马赛克作为隔断墙的装饰手法，很有创意。整体台盆柜为成品定制，根据隔断墙的宽度使用了双台盆的设计方案，与玄关隔断墙协调优雅。

卫生间采用了干湿分离的布局，增加了实用性及美观性。卫生间干湿区的隔断选用了贴砖工艺，配合顶部的射灯，增加了整体空间的灵动性。从施工工艺的角度出发，瓷砖的护墙既解决了防水又增加了美观性。在干区的墙面搭配镶嵌木质板，体现了设计师的大胆与创新。

卫浴间被划分为两个区域，半开放式的隔断便是分界线。隔断采用了适当的加减设计：浴缸与卫浴柜间的墙体相对作高到空间二分之一的地方，将较潮湿的浴缸隔开的同时，适当照顾隐蔽性；另一半则为玻璃门的设计。整个隔断留存得当，既起到阻隔作用又保证了卫浴间的宽敞观感。

小块的隔断设计将坐便器区域与盥洗区域适当隔开，制造出小隔间的效果。卫浴间墙壁上美丽的花纹壁纸，在隔断墙上也有所呈现，让整体更为雅观。

卫浴间中有 2 种洗浴设备，分别是淋浴间和浴缸。多了选择，多了享受，自然也多了功能区的摆放问题要如何安排妥当？对于会喷洒出水的淋浴间，选择安置在内侧，并用较高但不封闭的隔断墙将其围起。

05 6个优秀玄关隔断设计案例

中式风格的家，在隔断风格的选择上，也保持了一致，上端带有镂空图形的部分，形似火焰又如祥云，寓意着家的吉祥如意。而它并非只有简单的装饰与隔断效果，下端部分还结合了储物柜，给玄关区域增添了收纳功能。

用家具作为隔断，可以达到一石二鸟的效果，家具不仅成了玄关的隔断，同时也发挥着其本身应有的功能。案例中的木质展示架，由旁侧的客厅区域延伸而出，上方摆放的摆件同时为玄关以及客厅作了装饰。

玄关处是隔断常常出现的区域，这样一来，可以在进门处适当保留室内空间的隐秘性以及突兀性，案例中的玄关，将隔断与坐凳合为一体，很有创意，增加了隔断功能。而隔断百叶状的设计，美观大方不生硬。

五

位于进门处的玄关隔断，是常见的布置，对于入门即见客厅的空间，一面隔断可以起到必要的遮挡作用，并不用采用全封闭式的，这样若隐若现的设计，既能保证空间通透的宽敞感，又可以起到美丽的装饰作用。而隔断上特地设计的 2 个木框，可作玄关处的收纳所用。

白色与木色的家，极具北欧风情，木质的大门，为其匹配的是半墙高的隔断，结合上美丽的房柱，让小区域极具室内设计感，而半墙上的小平面，必要时还能充当桌面，增添出入的便利。

整个玄关区域被打造成了收纳功能十分强大的储物室， 而门一侧特设的隔断，高度上到墙的一半高，这样能让空间更为通透，又能起到划分作用，保持两端区域应有的独立性。

06 创造混合使用乐趣，8个卧室隔断设计

主卧中的封闭式主卫使主卧显得很满很拥挤，如果把主卫的墙面打掉，卫生间的湿气又会影响人的睡眠和健康。不如保留下半部分墙面，上半部分做成镂空花纹加玻璃的隔断，这样做的好处是引进了阳光却隔断了湿气，卧室依然可以保留独立。

利用主卫门两边的空间围成一字型整体衣柜，打破将床靠墙摆放的传统思维模式，除了能解决衣物储存的基本问题，还能改善户型，提升局部美观程度的作用。隔断门的隐形设计增加了卧室整体效果，让空间变得更加完整大气。

在更衣室旁藏有拉门，未来有小宝贝时，主卧与现在的客房，马上能调整为易于照顾幼儿的亲子房；小朋友长大后，需要自己的私人卧室，只要再将拉门关上，就能独立出小孩房使用。

挑选鲜明颜色下的菱纹绷皮，搭配两侧的银框黑镜，品味奢华之最。而滑动门的隔断设计，就将卧室跟外面隔开，形成一个独立的空间。

小卧室空间往往会纠结于空间的不够用，所以半开放式的墙体隔断就成了不错的选择。半边墙体很好的充当隔断作用，其上还可以设计成内嵌的收纳空间。

如果床头和其他空间链接在一起，那么隔断的位置当然也就可以移到床头。收纳架样式的隔断，给小物件提供了不错的栖息之地。

可以随意关闭开放的门当然是卧室非常好的隔断设计，不仅能很好地将空间利用起来，让小空间拥有大品质，同时还能在需要时保持不错的私密感。

磨砂玻璃兼具了透明玻璃以及实体墙的优点，在轻盈中营造出相对独立的空间。